별주부가 생물 달인이라고?

별주부가 생물 달인이라고?

정완상 글 | 홍기한 그림

브릿지북스

등 장 인 물

남해 용왕

전기가오리에 한 대 맞고 병을 얻음.
육지 동물의 심장으로
이식 수술을 하면
나을 거라는 말을 믿고
별주부를 육지로 보냄

방어 어의와 숭어 어의

용왕의 병을 서로 고치겠다고 나서는
남해 용궁의 두 의사.
방어 어의가 육지에 사는
동물의 심장으로 이식 수술을
제안함

오징어

별주부가 길을 떠나고
처음 만난 친구.
별주부가 육지에
빨리 도착할 수 있도록 도와줌

두꺼비

별주부가 육지에서 만난 친구.
별주부와 끝까지
동행하며 좌충우돌
모험을 펼침

별주부
용왕을 위해
육지 출장을 가겠다고 나서는
충직한 신하.
결국 육지로 출장을 떠나
토끼를 용궁으로 데려옴

문어 대신
별주부와 앞다투어 육지로
가겠다고 하는 충직한 신하.
하지만 육지에서
숨을 쉴 수 없기 때문에
용궁에 남아 있게 됨

토끼
별주부를 따라
용궁까지 내려가지만
쉽게 당하지만은 않는
영리한 동물

허준
대사도 없는 엑스트라지만
큰일을 해내는 인물.
끝까지 읽어 보면
알 수 있음

차 례

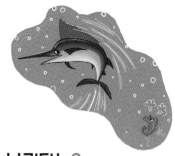

1막

북해 용왕,
경고를 날리다!

여기는 따뜻한 남해.

"바빠, 바빠! 서둘러야 해."

돛새치가 혼잣말하며 무서운 속도로 헤엄치고 있었다.

"돛새치, 어디를 그렇게 바쁘게 가나?"

해마가 어기적거리며 집을 나서다가 돛새치를 보고 물었다.

"아직 소식을 못 들으셨군요. 오늘이 바로 남해 용궁이 새로 지어진 날 아니겠소? 그래서 오늘 용궁에서 잔치가 벌어진답니다. 서두르는 게 좋을 거요. 우리 돛새치는 시속 100킬로미터로 헤엄치는 바다 최고의 수영 선수이지만, 해마 당신은 느림보로 소문났잖소?"

"뭐? 지금 나를 무시하는 거요?"

흥분한 해마가 길길이 날뛰며 말했다.

"지금부터 서둘러도 일주일 뒤에나 용궁에 도착할 수 있을 거요. 그럼 난 바빠서 이만."

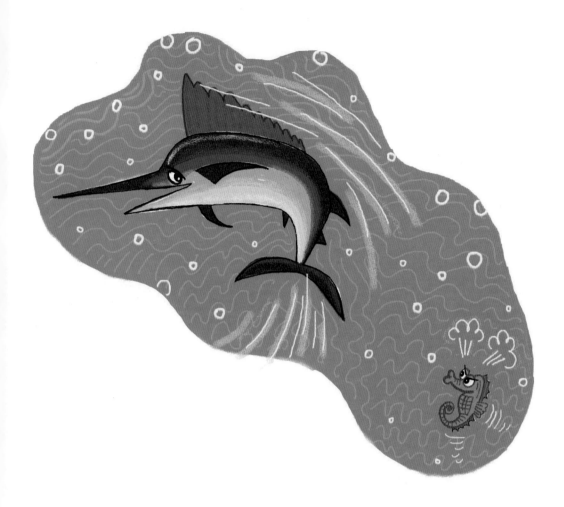

돛새치는 해마를 약 올리며 용궁을 향해 헤엄쳐 갔다.

해마도 서둘러 채비해 용궁으로 출발했다. 하지만 바다에서 가장 느린 동물인 해마는 1킬로미터를 가는 데 이틀 또는 사흘이 걸리기 때문에 돛새치의 말대로 3킬로미터 떨어진 용궁까지는 일주일 넘게 걸리게 뻔했다. 화가 잔뜩 난 해마는 최대 속력을 내어 돛새치를 뒤쫓았지만, 돛새치는 이미 눈앞에서 사라진 지 오래였다.

그날 저녁, 용궁에서 축하 잔치가 시작되었다. 용궁에는 온갖 산해진 미와 기이하고 귀한 술들이 가득했다.

돗새치는 제시간에 도착했지만, 해마는 여전히 어기적어기적 헤엄쳐 오는 중이었다. 동해, 서해, 북해의 용왕들이 남해 용왕의 용궁 건설을 축하하기 위해 모두 모여 있었다. 이렇게 모인 동서남북의 용왕들은 모두 형제 사이였다.

"축하하네! 멋진 용궁이 완성되었구먼."

동해 용왕, 서해 용왕, 북해 용왕이 남해 용왕에게 축하 인사를 했다.

"형님, 아우님들. 이렇게 와 줘서 정말 고마워!"

"형님을 위한 선물을 가져왔어요."

북해 용왕이 수선을 떨며 남해 용왕에게 선물을 건넸다.

"나를 위한 선물?"

남해 용왕은 북해 용왕의 뜻밖의 선물에 깜짝 놀랐다.

"네, 아무 탈 없이 무사히 용궁이 완성된 것을 축하하는 의미에서랄 까요? 홍홍홍."

"고마워. 그러면 어디 한번 열어 볼까?"

남해 용왕은 잔뜩 기대에 차 선물 상자를 열어 보았다. 상자 안에는 가오리 한 마리가 얌전히 들어 있었다.

"이건 가오리 아닌가?"

"보통 가오리가 아니에요. 스스로 전기를 만들어 내는 전기가오리입니다요. 전기가오리의 전기를 공급받으면 아픈 데가 싹 낫는다는 소문이 있어 힘들게 잡아 왔지요."

"아! 정말? 그리도 귀한 것이란 말인가?"

남해 용왕의 눈이 휘둥그레졌다. 나머지 용왕들도 갑자기 전기가오리에 호감을 보였다.

"내가 사실 평소에 가슴 부위가 불편했어. 어디 한번 해 볼까?"

남해 용왕이 가슴 부위에 전기가오리를 가져다 대었다.

"어어억! 이게 뭐야! 으아악!"

남해 용왕이 앓는 소리를 내며 갑자기 쓰러졌다.

"북해 용왕, 요 녀석! 너 남해 용왕에게 무슨 짓을 한 거야?"

동해 용왕이 북해 용왕을 혼내 주려고 자리에서 일어섰지만 북해 용왕은 이미 도망간 뒤였다.

"일부러 그런 게 분명해. 어서 남해 용왕을 침실로 옮겨!"

신하들은 힘을 모아 남해 용왕을 침실로 모셨다. 잔치는 아수라장이 되고, 흥겹게 놀던 백성들도 용왕의 병환 소식에 걱정이 이만저만이 아니었다. 그러던 중 신하 한 명이 전기가오리가 들어 있던 상자 밑에서 편지 한 통을 발견하였다.

"편지가 있네, 용왕님께 가져다드려야겠어."

간신히 정신을 차린 용왕이 신하가 가져온 쪽지를 보며 물었다.

"이것이 무엇이냐?"

"전기가오리 밑에 있던 편지입니다."

"그래? 어디 보자."

남해 용왕의 표정이 점점 어두워지더니, 끝내 일그러졌다.

남해 용왕에게 경고한다.

이번 공격은 시작에 불과하다. 홍홍홍!

앞으로 더 위험한 공격들이 기다리고 있다.

두렵다면 어서 남해 용궁을 내놓아라!

_ 북해 용왕

"요 녀석! 감히 형에게 이런 짓을 하다니. 가만두지 않겠어! 일단 내 몸이 낫기만 해 봐라!"

날이 갈수록 용왕의 병세는 더욱 나빠졌다. 용왕은 숨을 쉬는 것조차 힘들어했다. 결국 용왕은 남해에서 둘째가라면 서러울 숭어 어의와 방어 어의를 불렀다.

"참! 자네 내 옷을 보았나? 이번에 한 벌 해 입었다네. 비단으로 만든 의사 복이야. 한정 판매하는 걸 냉큼 샀지."

숭어 어의가 한 바퀴 빙 돌며 방어 어의에게 자랑했다.

"겨우 비단? 나는 용 비늘이야! 이 하늘거리는 걸 보게. 부럽지?"

방어 어의는 숭어 어의 앞에서 새로 산 용 비늘 옷을 팔랑거리며 한 바퀴 빙그르르 돌았다.

"그건 모조품이야. 그런 의사복이 어디 있나? 속았어, 속았다고."

"부러우면 부럽다고 말하게나."

평소 서로 명의라며 우기던 둘은 오늘도 보자마자 티격태격이었다.

"에헴! 용왕님 납시오!"

용왕이 오고 있다는 소리에 숭어 어의와 방어 어의는 고개를 숙였다.

"숭어 어의와 방어 어의는 나의 몸을 진찰하라!"

두 어의는 조심스레 용왕의 진찰을 마쳤다.

"자! 나의 병명을 말해 보거라! 요즘 난 숨을 쉬는 것조차 힘들구나. 숭어 어의가 먼저 말해 보겠느냐?"

"용왕님은 전기 충격으로 아가미가 손상되었습니다. 그래서 숨을 쉬기가 매우 힘드신 것입니다. 제 처방에 따라 약을 달여 드신다면 좋은 결과가 있을 것입니다."

숭어 어의는 용왕에게 자기 능력을 뽐내면서 말했다.

"아닙니다. 용왕님! 숭어 어의와 같은 돌팔이 말은 믿지 마십시오. 어떻게 용왕님 몸에 아가미가 있을 수 있답니까?"

방어 어의가 숭어 어의의 말에 토를 달며 말했다.

"뭐라? 방어 어의, 내 자네 말을 들어 보겠네만, 그 말이 가당치가 않다면 각오하는 게 좋을 걸세."

용왕이 방어 어의에게 잔뜩 겁을 주며 말했다. 방어 어의는 용왕의 무시무시한 말에도 꿈쩍하지 않고 소신껏 자신의 의견을 밝혔다.

"용왕님은 인간입니다. 인간은 포유류라고요. 포유류에게 무슨 아가미가 있습니까? 아가미는 물고기와 같은 어류가 숨을 쉬는 기관입니다. 우리 물고기들은 아가미로 물속의 산소를 걸러내 호흡을 하지만, 용왕님은 인간이므로 아가미가 필요 없습니다."

방어 어의의 말에 용왕이 깜짝 놀라며 물었다.

"그럼 나는 무엇으로 숨을 쉬는 건가?"

"포유류는 폐라는 기관을 가지고 있습니다. 인간은 폐로 산소를 흡수하고 이산화 탄소를 방출하면서 숨을 쉰답니다. 제가 진찰해 본 바로는 용왕님은 지난번 전기가오리에게 받은 전기 충격으로 심장의 기능이 약해졌습니다."

용왕은 자기 아가미가 고장 났다고 말한 숭어 어의를 보면서 혀를 끌끌 찼다.

"숭어 어의! 실망일세. 내 자네를 믿었건만. 가서 공부를 좀 더 하고 오게! 난 요번에 방어 어의의 처방을 받겠어."

용왕은 방어 어의의 처방을 따르기로 했다.

"방어 어의, 과인이 어떻게 하면 병이 다 나을 수 있는 것인가?"

용왕의 질문에 방어 어의의 표정이 어두워졌다.

"용왕님! 용왕님의 병은 약으로는 고칠 수 없습니다."

"뭐라? 병을 고칠 수 없다니! 그럼 이대로 죽는단 말이냐?"

"딱 한 가지 방법이 있긴 합니다만⋯⋯."

방어 어의가 말끝을 흐렸다.

"그것이 뭔가? 내 살 수만 있다면 자네 말은 뭐든지 따르겠네!"

용왕은 확신에 찬 표정으로 방어 어의의 말에 귀를 기울였다.

"용왕님께는 심장 이식 수술이 필요합니다."

"심장 이식 수술?"

"네! 그것도 포유류의 심장이요. 용왕님은 인간이기 때문에 반드시 포유류의 심장이 필요합니다."

용왕은 해결책이 있다는 말에 표정이 환해지다가 다시 걱정에 찬 얼굴이 되었다.

"하지만 포유류라는 것들은 대부분 뭍에서 살지 않느냐?"

포유류는 용왕과 고래를 제외하고는 대부분이 육지에 사는 동물들 뿐이었다.

"그것이 문제이긴 합니다만, 이른 시일 내에 이식 수술을 하시는 것이 옳을 줄로 압니다. 어서 신하들을 보내어 건강한 심장을 가진 동물을 잡아들여야 합니다."

남해 용왕의 한숨이 깊어졌다.

더 알아보기

용왕

전기가오리는 어떻게 전기를 만들어 내는가?

숭어 어의

전기가오리는 몸에 '전기 세포'라는 특별한 세포를 가지고 있어요. 이 세포들은 전기를 저장하고 만들어 내는 작은 배터리 같은 역할을 한답니다. 전기 세포는 서로 줄지어 연결되어 있는데, 이 연결 덕분에 세포들이 힘을 합쳐 강한 전기를 만들 수 있어요. 전기가오리가 몸을 움직이거나 위험을 느낄 때, 이 전기 세포들은 한꺼번에 전기를 방출해요. 이 전기는 전기가오리 자신을 지키거나 먹이를 사냥하는 데 유용하게 사용된답니다. 이렇게 전기 세포들이 협력해서 전기를 내는 방식 덕분에, 전기가오리는 마치 작은 전기 발전소 같아요.

용왕

포유류와 물고기는 어떻게 다르게 숨을 쉬는가?

방어 어의

포유류는 폐로 숨을 쉬어요. 사람이나 고래처럼 공기 중의 산소를 들이마시고, 폐에서 산소를 흡수해 몸속으로 보내요. 그래서 포유류는 물속에서 오래 머물지 못하고, 숨을 쉬기 위해 공기 중으로 나와야 해요. 고래도 물에 살지만 숨을 쉬려면 꼭 물 위로 올라와야 하죠. 반면, 물고기는 아가미로 숨을 쉬어요. 물을 입으로 들이마시고, 아가미를 통해 물속 산소를 흡수해 몸에 보내죠. 이렇게 포유류는 공기에서 산소를 얻고, 물고기는 물에서 산소를 얻는 다른 호흡 방법을 가지고 있어요.

별주부,
육지로 출장을 떠나다

남해 용왕이 대신들을 불러 모아 자신의 병에 관해 이야기했다.

"과인이 왕위에 오른 뒤 밖으로는 세 개의 바다 나라와 가깝게 지내며 전쟁을 멀리하였고, 안으로는 백성들의 고통을 덜어 주기 위해 힘썼거늘, 새 용궁에 들자마자 몹쓸 병이 웬 말인가?"

용왕은 자신의 신세를 한탄했다.

"용왕님, 걱정하지 마십시오. 포유류 심장을 이식하기만 하면 되지 않습니까?"

"그렇긴 하다만, 포유류 중 누구의 심장이 가장 나은가?"

"용왕님! 기왕이면 용왕님에게 걸맞은 똑똑한 포유류면 좋을 듯합니다. 포유류 중에서는 토끼가 가장 똑똑하다고 하니, 토끼의 심장을 용왕님의 심장과 맞바꾸는 게 가장 좋은 방법이라 생각되옵니다."

가장 높은 직책을 맡고 있는 문어 대신이 대표로 용왕에게 아뢰었다.

"오호, 그런가? 그럼 토끼의 심장만 가지고 오면 만사형통이겠구나.

누가 나를 위해 토끼의 심장을 가져오겠는가?"

"하지만 용왕님, 토끼의 심장을 가져올 묘책이 필요합니다. 토끼는 육지에 사는 동물이라 바다 동물인 저희가 구하러 가는 게 아무래도 무리이옵니다."

구석에 있던 소라 대신의 말에 용왕은 그제야 토끼의 심장을 구하는 것이 그리 쉽지 않은 일임을 깨달았다.

'구슬이 서 말이라도 꿰어야 보물이 되는 법. 토끼의 심장이 아무리 좋다 한들 구하지 못하면……'

용왕은 깊은 한숨을 내쉬며 옆으로 홱 돌아누웠다. 그러자 옆에 서 있던 도미 대신이 용왕을 부축하며 말했다.

"용왕님, 무슨 일이든 해 보지도 않고 포기해서는 안 되는 법입니다. 어서 토끼의 심장을 구할 방도를 찾아보소서."

"그래, 그래야지. 나를 위해 육지에 다녀올 신하는 없느냐?"

용왕은 다시 힘을 내서 물었다. 하지만 신하들은 고개만 숙이고 있을 뿐 아무도 입을 열지 못했다.

"으흠, 이럴 수가……."

용왕은 신하들을 서운한 눈빛으로 둘러보았다. 그때였다. 희망을 잃고 쓰러져가는 용왕 앞에 문어 대신이 나와 말했다.

"용왕님! 저에게 기회를 주십시오. 저는 먹물이 있어 뭍으로 올라가 토끼가 말을 듣지 않으면 먹물을 쏘아서 데리고 올 수 있습니다."

"오! 문어 대신, 진정 나를 위해 육지로 가겠단 말이요?"

용왕은 문어 대신의 말에 감동해 눈물을 글썽거렸다.

"용왕님도 아시지 않습니까? 저희 대신들은 용왕님 없이는 살 수가
없습니다. 어서 쾌차하셔서 저희와 계속해서 남해를 지켜 나가셔야
지요."

문어 대신은 용왕에게 점수를 따기 위해 온갖 아부성 발언을 했다.

"문어 대신의 충성심은 여전하구먼. 그럼 자네가 가는 걸로 결정을 하겠네. 과인은 일찍부터 그대의 뛰어난 용맹을 알고 있었지. 만약 이번에 토끼를 잡아 온다면 큰 벼슬과 상을 내릴 것이네."

"용왕님! 잠깐만요."

문어 대신이 흐뭇한 미소를 지으며 토끼의 심장을 찾으러 출발하려는 찰나, 별주부가 문어 대신을 가로막고 섰다.

"왜 그러는가, 별주부?"

용왕은 어리둥절하며 별주부에게 물었다.

"제가 용왕님을 위해 육지로 나가 토끼를 잡아 오겠습니다!"

"나를 위해 둘이나 나서다니. 자네의 마음은 고맙네만, 문어 대신이 먼저 가겠다 했으니 믿어 보구려."

용왕은 별주부의 말에 감동하여 말했다.

"하지만 용왕님! 문어 대신은 육지에 올라갈 수가 없습니다. 저는 육지와 물에서 동시에 호흡할 수 있지만 문어 대신은 그것이 안 되지요. 뭍으로 나가는 순간 숨이 멎어 인간들의 볶음 요리가 될 겁니다."

"뭐라? 별주부! 말이 심하지 않소! 자네는 지금껏 백전백승한 나의 먹물 공격을 무시하는 게요?"

문어 대신은 별주부를 향해 버럭 소리를 지르면서 화를 냈다.

"그 먹물 공격도 바닷속에 있을 때나 가능한 것이지요."

"용왕님! 제가 가야 합니다. 제가 별주부보다 훨씬 더 싸움에 능합니다. 저의 용맹스러움을 용왕님도 인정하지 않으셨습니까?"

문어 대신은 별주부보다 더 인정받는 신하가 되어 자신의 권력을 계속해서 유지하기 위해 용왕에게 간곡히 부탁했다.

"그럼, 그럴까?"

용왕의 마음이 다시 문어 대신 쪽으로 기울었다. 그러자 별주부가 또 반대하고 나섰다.

"아닙니다. 용왕님! 문어 대신은 안 됩니다. 똑똑한 토끼의 꾀에 문어 대신이 토끼를 잡더라도 금방 놓치고 말 것입니다."

용왕은 별주부의 말에 고개를 끄덕거렸다.

"하긴 문어 대신이 머리가 나쁘긴 하지. 그럼 별주부로?"

"절대 안 됩니다, 용왕님! 별주부, 당신은 지금 나의 아이큐를 의심하는 거요? 당신이나 나나 거기서 거기지 않소?"

문어 대신은 자기 머리가 별주부보다 나쁘다는 사실을 인정할 수가 없었다.

"더 중요한 건, 문어들은 배가 고프면 자기 다리를 뜯어 먹잖소? 배가 고파서 다리 여덟 개를 다 뜯어 먹고 나면 어떻게 토끼를 데리고 올 거요?"

별주부는 문어 대신에게 최후의 공격을 가했다. 문어 대신은 별주부의 말에 더 이상 할 말이 없다는 듯이 풀이 죽은 목소리로 대답했다.

"그건 사실이오. 그렇지만 뜯겨 나간 다리는 두 달 뒤에는 다시 원래 상태로 돌아온단 말이오."

"그만, 그만. 과인의 머리가 아프구나. 문어 대신, 자네의 다리는 두 달 뒤면 돌아온다고? 하지만 방어 어의가 말하길 나의 병은 한시가 급하다고 하더군. 두 달이면 나는 이미 이 바닷속 사람이 아닐지도 모르네. 그러니 이번엔 별주부가 다녀오게나."

용왕은 자신이 죽을 수도 있다고 말하며 몸서리를 쳤다.

"네, 용왕님!"

"별주부 자네가 무사히 다녀와 나의 병을 고치기만 한다면, 큰 벼슬과 상을 내리겠네."

이렇게 해서 결국 별주부가 육지로 출장을 가게 되었다. 용왕은 별주부에게 진심으로 고마워하며 나머지 대신들에게 명령을 내렸다.

"여봐라! 별주부가 토끼를 잘 찾을 수 있도록 그림을 그려 주어라!"

"네!"

용왕이 자리를 뜨자 대신들이 소곤대기 시작했다.

"그런데 토끼란 녀석이 도대체 어떻게 생겼지?"

"난들 아나? 한 번도 뭍으로 나가 본 적이 없는데."

도미 대신이 걱정스러운 목소리로 말했다.

"제가 그리지요."

가만히 듣고 있던 거북 대신이 손을 높이 들었다. 다른 대신들이 의심스러운 눈초리로 거북 대신을 바라보았다.

"자네, 토끼를 본 적이 있는가? 그렇게 느린 몸으로?"

대신들이 거북 대신의 느릿느릿한 몸짓을 보며 가소롭다는 듯이 비웃었다.

"봤고말고요. 전 느리지만 육지로 나갈 수 있는걸요. 얼마 전에 토끼

랑 만나서 달리기 시합을 해 이긴 적도 있고요."

거북 대신의 말에 다른 대신들이 귀를 쫑긋 세웠다.

"정말인가? 토끼란 녀석은 도대체 어떻게 생겼는가?"

"토끼는요, 귀가 이렇게 길고요. 몸은 하얀 털로 덮여 있고, 앞니가 툭 튀어나와 있어요."

"육지 동물들에게는 털이 있다더니 사실이구면."

도미 대신이 감탄하며 끄덕거렸다.

"그럼, 자네에게 부탁하겠네."

별주부가 거북 대신에게 토끼 그림을 그려 달라고 부탁했다.

"싫습니다요, 저에게 맛있는 저녁을 대접해 주신다면 모를까?"

"그러지 말고 그려 주게나. 용왕님의 병을 고치기 위해서 토끼의 모습부터 파악해야 해."

별주부는 거북 대신에게 간곡하게 부탁했다.

"메롱입니다요."

거북 대신은 매몰차게 거절하면서 일어나다 홀딱 뒤집혀 버렸다. 몸이 오뚝이처럼 왔다 갔다만 할 뿐 일어날 수가 없었다.

"어어어, 몸이 일으켜지지가 않아요. 제발 절 뒤집어 주세요."

"그럼 그림을 그려 줄 텐가?"

별주부가 거북 대신 앞에 서서 협박했다.

"그릴게요. 그려요! 그러니 얼른 뒤집어 주세요."

별주부가 거북 대신을 뒤집자 거북 대신이 죽다 살아난 표정으로 숨을 몰아쉬었다. 거북 대신은 뭍에서 본 토끼 모습을 자세하게 그리기 시작했다.

"자, 어떻습니까?"

"한 번 보았는데, 이리 잘 그리다니, 대답하시오. 그런데 토끼의 눈이 왜 이리 빨갛소?"

"그건 토끼의 눈에는 색소가 없어서 핏줄이 그대로 보이기 때문이지요. 참! 그리고 소리를 상당히 잘 들으니까 조심성 있게 행동하세요. 자칫하면 눈치채고 도망칠 겁니다."

"어떻게 그렇게 소리를 잘 듣지요?"

"토끼는 귀가 길어요. 적이 오는 소리를 잘 듣기 위해서죠. 강력한 발톱도 없고, 상대를 위협할 만큼 몸집이 크지 않은 자신을 보호하기 위한 것이지요."

"귀가 길면 소리를 잘 듣나요?"

"토끼의 귀에는 작은 모세혈관과 신경이 아주 많아요. 토끼는 자신의 긴 귀를 레이더처럼 이 방향 저 방향으로 향하게 하면서 주위의 소리를 잘 듣지요. 물론 토끼에게도 약점이 있어요."

"그게 무엇이오?"

"토끼는 귀 부분이 예민해서 귀를 잡으면 힘을 못 써요."

"토끼를 잡아 올 때 반드시 두 귀를 잡으면 되겠군!"

거북 대신에게 토끼의 그림을 얻은 별주부는 용왕에게 인사를 드리고, 마지막으로 가족들과 작별 인사를 하기 위해 집으로 갔다.

"오늘은 모처럼 가족들이 한자리에 모였구려."

별주부가 아내에게 말했다.

"당신이 먼 길을 떠난다는데 당연히 배웅해야죠. 어머니께서 기다리셔요. 어서 들어가 보세요."

아내가 눈물을 흘리며 남편을 맞았다. 어머니 역시 눈물을 흘리며 별주부를 기다리고 있었다.

"어머니, 용왕님의 병을 고치기 위해 토끼를 잡으러 뭍으로 갑니다. 제가 다녀올 때까지 진지 잘 챙겨 드시고, 건강히 계세요."

별주부는 연로하신 어머니를 두고 가는 마음이 찢어질 듯 아팠다.

"괜찮다. 나는 괜찮아. 그나저나 아들아! 내가 한 가지 마음에 걸리는 게 있구나."

"왜요? 어머니?"

별주부는 어리둥절하면서 어머니께 여쭈었다.

"때는 밀고 가야 하지 않겠니? 네 등을 봐라, 때가 꼬질꼬질한 것이, 토끼가 더러워서 피할까 무섭구나."

"어머니도 참! 이 마당에 무슨……. 저 이만 다녀올게요!"

별주부가 허겁지겁 어머니로부터 도망치며 일어섰다.

"그럼 이 거울이라도 가지고 다니면서 몸 여기저기를 비춰 보거라."

어머니는 아들에게 방에 걸려 있던 대형 거울을 건네주었다.

"뜨허! 이렇게 큰걸."

별주부는 어머니가 건넨 거울을 등딱지 밑에 잘 챙기고 눈물을 꾹 참으며 떠났다.

더 알아보기

별주부

문어는 다리가 잘리면 어떻게 다시 자라나요?

거북 대신

문어는 다리가 잘려도 스스로 다리를 다시 자라게 할 수 있어요. 만약
문어 다리가 다치거나 잘리면, 그 자리에 새로운 다리가 조금씩 자
라나기 시작해요. 문어 몸속에 있는 특별한 세포들이 새로운 조직을 만들어
다리를 자라게 돕는답니다. 이 과정을 '재생'이라고 해요. 다리가 완
전히 자라는 데는 몇 달이 걸릴 수 있지만, 시간이 지나면서 다리 모
양과 기능이 원래처럼 돌아와요. 이렇게 문어는 다리 재생 능력이 있
어서 다쳐도 금방 회복할 수 있는 특별한 힘을 가지고 있어요.

별주부

왜 토끼 귀는 이렇게 길쭉할까요?

거북 대신

토끼 귀가 길쭉한 데는 여러 가지 이유가 있어요. 첫 번째 이유는 소
리를 잘 듣기 위해서예요. 토끼는 작은 소리에도 민감해서, 긴 귀로 주
변의 소리를 잘 들을 수 있어요. 덕분에 멀리서 다가오는 위험도 빨리
알아챌 수 있답니다. 두 번째 이유는 몸을 시원하게 하기 위해서예
요. 토끼의 귀에는 피가 흐르는 얇은 혈관이 많아서, 더운 날씨에 귀를
통해 열을 쉽게 내보낼 수 있어요. 이렇게 긴 귀는 토끼가 안전하게
지내고, 건강하게 살 수 있게 도와주는 중요한 역할을 해요.

3막

두꺼비
기자를 만나다

별주부는 앞만 보면서 육지를 향해 헤엄쳐 나갔다. 그러면서 문어 대신에게 했던 어리석은 일을 떠올리며 깊이 후회했다. 문어 대신에게 미안한 마음이 들었다.

'내가 문어 대신을 얕보고 너무 꾸짖었어. 나도 어리석었지. 문어 대신에게 왜 그랬을까?'

별주부가 문어 대신을 머릿속에 그리며 마음속으로 중얼거릴 때였다. 별주부 앞으로 문어 한 마리가 나타났다.

"엇! 문어 대신, 여긴 웬일이오?"

별주부는 반가운 마음에 소리를 질렀다. 하지만 문어는 못 들은 척 오던 길을 되돌아갔다.

"여보게, 문어 대신!"

그런데 이상하게도 문어 대신이 별주부를 피해 슬금슬금 달아났다.

"혹시, 저를 부르신 건가요? 난 문어가 아니라 오징어예요."

"아! 문어 대신과 비슷하게 생겨 제가 실수를 했군요. 죄송해요."

별주부는 오징어에게 사과했다.

"그나저나 왜 이렇게 불안해하며 왔다 갔다 하고 계신 겁니까?"

별주부가 궁금해하며 오징어에게 물었다.

"쉿! 조심해야 해요. 지금 상어의 움직임이 느껴져요."

오징어와 별주부가 숨을 죽였다. 바로 그때, 저만치에서 상어가 서서히 헤엄치며 다가왔다.

"오호! 오징어라, 맛있겠는걸. 아침 식사로 딱 좋아."

상어가 날렵한 몸놀림으로 오징어를 잡으려고 하였다. 그 순간, 오징어가 상어를 향해 먹물을 뿜었다.

"이얏! 받아라!"

상어는 날렵하게 몸을 돌려 먹물을 피했다. 그러고는 오징어를 잡기 위해 이리저리 헤엄쳤다. 그 순간 별주부가 상어를 향해 돌진했다.

"어라? 자라 고기까지 있었네. 이게 웬 떡이야."

상어는 별주부를 보며 자라 고기를 먹을 생각에 침을 꿀떡 삼켰다.

그때였다. 별주부가 자신의 등으로 상어의 콧등을 있는 힘껏 때렸다. 그러자 거짓말처럼 상어가 갑자기 기절해 버렸다. 오징어와 별주부는 그 틈을 타 상어로부터 멀리 도망칠 수 있었다.

"별주부님! 정말 고마워요. 생명의 은인이에요."

"뭘요. 해야 할 일을 했을 뿐인데."

별주부는 쑥스러운 듯 등을 긁었다.

"아니에요. 당신이 구해 주지 않았다면 난 상어의 아침 식사가 되었을 거예요. 그나저나, 상어가 어떻게 기절한 거죠?"

오징어가 궁금해하며 물었다.

"상어는 코에 신경이 모두 모여 있어 세게 때리면 기절하여 뒤집힌답니다. 그럼 이만, 조심히 가세요. 저는 서둘러 육지로 가야 해서 마음이 급하답니다."

별주부는 서둘러 다시 떠날 채비를 했다.

"아! 그렇군요. 하지만 이렇게 그냥 헤어질 수는 없어요. 제가 별주부님을 도울 길은 없을까요? 뭐라도 좋으니 말씀하세요."

"그럼, 오징어님처럼 빠르게 헤엄치려면 어떻게 해야 하는지 가르쳐 주시겠어요?"

"아! 그거요? 그거라면 간단하지요. 우리는 몸속에 물을 가득 머금었다가 밖으로 분출하면서 그 반작용으로 앞으로 헤엄쳐 나갑니다. 마치 풍선에 공기를 가득 채운 다음에 입구를 잡고 있던 손을 놓으면 풍선이 빠르게 앞으로 나가는 원리와 같은 것이지요."

오징어는 별주부에게 알기 쉽게 설명해 주었다.

"전 빨리 육지에 도착해야 하는데 헤엄 속도가 느려서 원!"

별주부는 이렇게 태어난 자신을 한탄했다.

"그럼 제가 별주부님을 도와드리지요."

오징어는 별주부를 자기 다리로 힘껏 밀어 올렸다.

"조금만 참아요. 곧 수면 위에 올라설 거예요."

오징어는 별주부의 받침대가 되어 헤엄쳤다. 수면에 가까워지자 대낮처럼 밝아졌다.

"엇! 죄송해요. 전 이만 가야겠어요."

"왜 그러세요? 무슨 일이라도?"

오징어는 별주부를 두고 급히 발길을 돌리려 하였다.

"우리 오징어는 옛날부터 아주 환한 불빛을 좋아했습니다."

"그런데 왜 불빛을 피해 도망가려는 거죠?"

별주부가 궁금해하며 물었다.

"밤인데도 이렇게 불빛이 밝아진 것은 사람들이 불빛을 좋아하는 우리 오징어들의 습성을 교묘히 이용하는 겁니다. 사람들이 오징어가 많은 곳까지 배를 타고 나와서 뱃전에 환한 불을 밝혀 놓은 거예요. 그러면 아무것도 모르는 우리 오징어들이 불빛을 즐기려고 사람들이 불을 켜 놓은 배 옆으로 와글와글 모여들지요."

"저런……."

"그다음에는 말하기도 싫은 끔찍한 일이 벌어져요. 하룻밤에도 수천 마리의 우리 친구들이 불빛을 구경하러 모였다가 무지막지한 낚싯대에 꿰여 사람들에게 잡혀간답니다."

오징어는 그렇게 사람들에게 끌려간 친구들을 생각하며 눈물을 글썽였다.

"그럼, 저는 이만 가 볼게요. 아쉽지만, 여기에서 헤어져요. 꼭 육지에서 원하시는 일을 이루고 돌아오시길 바랍니다."

별주부는 그렇게 오징어와 헤어지고 혼자서 육지를 향해 헤엄쳐 나갔다.

별주부는 열심히 팔을 휘저어 헤엄쳤다. 드디어 바다 사이로 내리쬐는 따사로운 햇볕을 느낄 수 있었다. 별주부는 무사히 육지에 도착한 것에 안도의 한숨을 쉬면서 해변에 잠시 자리를 잡고 앉았다.

"살려 주세요~!"

그때 어디선가 들려오는 소리에 별주부는 주변을 둘러보았다. 하지만 아무것도 보이지 않았다.

"이상하다. 분명 무슨 소리가 들렸는데……."

별주부는 고개를 갸우뚱거리면서 두 팔과 두 다리를 쭉 뻗고 다시 휴식을 취했다.

"살려 주세요, 두꺼비 살려!"

"앗! 무슨 일이 일어난 게 틀림없어."

별주부는 느린 걸음으로 최선을 다해 소리가 나는 쪽으로 달려갔다.

"어라? 여기는 늪이잖아. 앗 누군가가 빠져 있네."

"살려 주세요!"

두꺼비는 허우적대면서 늪에 빠지지 않기 위해 발버둥 치고 있었다.

별주부는 두꺼비를 구하기 위해 긴 장대를 구해 왔다. 그러고는 두꺼비가 빠진 곳을 향해 장대를 던져 조심조심 끌어올리기 시작했다.

"고마워. 이 은혜를 무엇으로 갚아야 할지."

두꺼비는 고개 숙여 감사의 표시를 했다.

"아니야. 당연히 해야 할 일을 한 것뿐이야."

"이렇게 만나서 반가워. 난 두꺼비야. 내가 이래 봬도 그 유명한 〈은혜 갚은 두꺼비〉의 주인공이야. 너도 들어 봤지?"

별주부는 두꺼비의 얼굴을 유심히 살펴보더니 '아하' 하고 소리를 질렀다.

"당연하지! 〈은혜 갚은 두꺼비〉 영화는 개봉하자마자 용궁 최고의 흥행작이 되었잖아. 언제나 좌석이 매진인걸. 그 주인공을 만나다니, 영광이야."

두꺼비는 어깨를 으쓱대며 쑥스러운 듯 얼굴이 발그레해졌다.

"그나저나, 궁금한 게 있어. 쟤들은 웬 거품을 저렇게 잔뜩 물고 있는 거야?"

별주부는 자신을 피해 도망가는 게들을 보면서 말했다.

"아! 그거? 게는 아가미를 통해 숨을 쉬기 때문이야. 그러니까 물속

에서 물을 빨아들인 다음 몸에 필요한 산소를 얻고, 불필요한 이산화탄소와 물을 작은 숨구멍으로 뱉어 내는 거지. 땅 위로 올라오면 아가미로 흘러들 물이 없잖아? 그래서 아가미로 물 대신 공기가 들어가. 이 공기와 아가미에 남아 있던 물이 섞여 숨구멍으로 나오면서 거품이 만들어지는 거야."

"그렇구나. 두꺼비 너, 백치미가 돋보인다고 했더니 제법 똑똑한데!"

별주부는 무식하다고 소문난 두꺼비 배우가 의외로 지적인 모습을 보이자 감탄했다.

"그럼 용궁에 가면 꼭 소문 내 줘. 내가 연기파 배우에다가 똑똑하기까지 하다고 말이야."

"알았어. 그럼 한 가지만 더 물어볼게. 게들은 보통 옆으로 기잖아? 그런데 저길 봐, 쟤네 둘 중 하나는 앞으로 기고 있어."

"나의 지적인 모습을 다시 보일 때가 왔군. 물론 게들은 대개 옆으로 기는 게 맞아. 하지만 보다시피 앞으로 기는 게도 있어. 바로 밤게. 밤게는 몸집이 크고 집게발이 길어서 앞으로 기어다녀."

"아하! 그렇구나. 고마워. 그런데 여기서 이만 헤어져야겠다. 더 이야기 나누고 싶지만 난 용왕님의 명을 따라야 해서 더 이상 지체할 수가 없어."

별주부는 유명한 두꺼비 배우와 헤어져야 하는 것이 아쉬웠지만 용왕을 위해 서둘러야 했다.

"정말 이대로 헤어지는 거야?"

두꺼비도 아쉬워하는 기색이 역력했다.

"응. 맡은 임무를 얼른 수행해야 하거든."

"그럼 내가 너의 조수가 되면 안 될까? 무슨 일인지는 모르겠지만, 난 육지와 물속을 드나들면서 살기 때문에 육지에 대해서 잘 알아. 너에게 분명 도움이 될 거야."

별주부는 두꺼비의 말에 귀가 솔깃했지만, 두꺼비에게 폐를 끼치고 싶지 않았다.

"아냐. 그래도 너에게 폐를 끼칠 순 없어. 인연이 닿으면 또 만나게 되겠지."

"제발, 나의 말을 들어줘. 나의 생명을 구해 준 은인인데 이렇게 보낼 순 없어!"

별주부는 진심이 느껴지는 두꺼비의 말에 내심 기뻤다.

"정 그렇다면, 함께 가자. 사실 심심하고 외로웠는데. 동지가 생기게 되어서 정말 기뻐."

"그렇지? 으하하! 자, 얼른 발걸음을 옮기자. 그런데 사실 나 고백할 게 있어."

갑자기 두꺼비가 좀 전과는 사뭇 다르게 진지한 표정을 지었다. 별주부도 그런 두꺼비의 모습에 긴장이 되었다.

"나, 사실……. 〈은혜 갚은 두꺼비〉의 주인공이 아니야."

"뭐? 그럼 넌 뭐야?"

"사실 그 배우는 내 친구의 친구고, 난 기자야."

두꺼비는 한참을 망설이다가 조심스레 말했다. 그 말을 들은 별주부
는 두꺼비를 아래위로 훑어보더니 말했다.

"내 그럴 줄 알았다. 넌 연기에 소질이 없어 보였어. 평범한 시민으로
돌아온 걸 환영해."

더 알아보기

별주부

오징어는 어떻게 물속에서 빠르게 움직일 수 있지?

두꺼비

오징어는 물속에서 빠르게 움직일 수 있는 특별한 방법이 있어. 오징어 몸속에는 사이펀이라는 작은 관이 있는데, 이 관으로 물을 빨아들인 다음 강하게 뿜어 내. 이렇게 물을 빠르게 밀어 내면, 오징어는 반대 방향으로 슝 하고 나아갈 수 있지! 이 방법을 '제트 추진'이라고 해. 오징어는 이 제트 추진 덕분에 물속에서 빠르게 이동할 수 있어. 그래서 위험이 닥쳤을 때도 빨리 도망칠 수 있지. 오징어의 특별한 몸 구조 덕분에 물속에서 빠르게 움직이며 안전하게 지낼 수 있는 거야.

별주부

두꺼비는 어떤 특징이 있나요?

오징어

두꺼비는 '양서류'라는 특별한 종류의 동물이에요. 양서류는 양쪽 서식지인 물과 땅, 두 곳에서 살 수 있는 동물이에요. 두꺼비도 어린 시절에는 물속에서 알로 태어나고, 꼬리가 있는 작은 올챙이로 자라요. 시간이 지나면서 다리가 생기고, 땅에서 생활할 수 있는 두꺼비가 되죠. 두꺼비의 피부는 촉촉해서 물을 흡수할 수 있어요. 그래서 땅에서도 살지만 물가 근처를 좋아해요. 두꺼비의 특별한 점은 피부로 숨을 쉬기도 한다는 거예요. 이렇게 두꺼비는 물과 땅을 오가며 생활할 수 있는 양서류의 특징을 잘 보여 주는 동물이랍니다.

4막

쇠똥 골프 시합

별주부와 두꺼비는 깊은 숲으로 향했다.

숲으로 들어가던 두꺼비는 문득 의문이 생겼다.

"그런데 말이야, 가장 중요한 걸 안 물어봤네. 내가 뭘 하면 되는 거야?"

"난 토끼를 찾고 있어."

"토끼? 그 영악한 애를 왜 찾아?"

두꺼비는 토끼라는 말에 인상을 찌푸렸다.

"용왕님의 병환이 위중하신데, 토끼의 심장이 꼭 필요하거든. 토끼가 사는 곳을 알아?"

"물론이지. 나만 믿어!"

두꺼비는 큰소리를 치며 앞장서서 걷기 시작했다.

"어! 너 방귀 뀌었지? 어휴, 고약한 냄새. 도대체 뭘 먹은 거야?"

갑자기 두꺼비가 뒤를 돌아보며 코를 틀어막고 별주부를 보며 말했다.

"뭐? 네가 꾸고 지금 나한테 덮어씌우려는 거야?"

둘은 티격태격하며 싸우기 시작했다.

"그럼 도대체 어디서 냄새가 나는 거야?"

별주부는 코를 킁킁대며 냄새의 진원지를 찾으려 했다.

"어! 저것 봐!"

두꺼비는 깜짝 놀라 별주부가 가리키는 곳을 쳐다보았다.

"어라? 쇠똥이잖아. 오호, 여기서 냄새가 났던 거였군."

"쇠똥?"

"쇠똥이라고 구린내가 나는 게 있어. 소라고 불리는 동물의 똥이야."

"그렇구나."

"그나저나 우리 쇠똥을 본 김에 골프나 한 판 치고 갈까?"

"골프?"

"자, 이것 봐."

두꺼비가 긴 나무막대기 하나를 들고 와서는 저 멀리 보이는 곳에 구멍을 크게 파 놓았다.

"자! 이건 골프채야. 내가 하는 걸 잘 봐."

두꺼비는 나무막대기를 쇠똥 근처에 갔다 대더니 두 팔을 크게 휘둘렀다. 그러자 쇠똥이 포물선을 그리면서 멀리 떨어진 구멍으로 쏙 들어갔다.

"나이스 샷!"

두꺼비가 큰 소리로 외치면서 손뼉을 쳤다.

"우아! 신기하다. 이게 골프구나? 나도 해 볼래. 나의 천재적인 운동 실력으로 너의 코를 납작하게 해 주겠어."

"나도 일 년 동안 연습한 거야. 운동이란 자고로 노력과 시간의 투자가 필요한 거라고."

두꺼비는 별주부의 말에 코웃음을 쳤다. 두꺼비는 일 년 전 아버지에게 혼나면서 전수받은 골프를 별주부가 한 번에 성공한다는 건 말도 안 된다고 생각했다.

"보면 알지. 어디 한번 쳐 볼까? 우리 내기 한 판 어때?"

"무슨 내기?"

"내가 공을 구멍 속에 보란 듯이 넣으면 네가 꿀밤 한 대, 아니면 내가 한 대를 맞는 거지. 어때?"

"내가 백전백승일 텐데, 괜찮겠어? 너의 이마가 남아나지 않아도?"

"당연하지! 나의 실력을 보여 주겠어."

별주부는 두꺼비의 골프채를 낚아채서 두꺼비가 했던 대로 막대기를 잡고 섰다.

"자! 간다. 이얍!"

별주부는 기합 소리와 함께 쇠똥을 힘껏 쳤다. 그리고 순간, 눈을 질끈 감고 속으로 외쳤다.

'제발, 골인해라, 제발~'

별주부가 한쪽 눈을 살포시 떴다.

"하하하! 저것 좀 봐. 이 선생님이 나중에 꼭 전수해 주마. 제자, 어서 이마를 대게나."

두꺼비는 별주부를 제자로 키워 주겠다며 어깨를 툭툭 쳤다. 별주부가 친 쇠똥은 구멍에서 2센티미터 정도 떨어진 곳에 있었다. 별주부는 내심 실망했다. 그런데 그때였다.

"안 돼! 말도 안 돼."

두꺼비가 소리를 질렀다.

"응? 무슨 말이야?"

잠시 한눈을 팔고 있던 별주부는 두꺼비의 비명에 깜짝 놀라 쇠똥을 쳐다보았다. 쇠똥이 다시 구르기 시작한 것이었다. 그리고 마침내 쇠똥이 구멍 속으로 쏙 들어갔다.

"골인이다. 으하하, 내가 뭐랬어. 내가 운동에 소질 있다고 했잖아. 어서 이마를 대게나, 친구."

별주부는 신이 나서 웃으며 두꺼비의 이마를 콕 쥐어박았다. 두꺼비는 고개를 갸우뚱거리면서 억울한 듯 구멍을 뚫어져라 살펴보았다.

"왜 그러니? 두껍아?"

"에계, 내 이럴 줄 알았어."

"이럴 줄 알았다니? 그게 무슨 말이야?"

별주부는 두꺼비를 따라 뚫어져라 구멍을 쳐다보았다.

"이거 봐. 애는 쇠똥이 아니라 쇠똥구리였어. 나도 참 바보지. 왜 여태 몰랐을까?"

"쇠똥구리? 그게 뭔데?"

"쇠똥구리는 쇠똥을 공처럼 굴리는 딱정벌렛과 곤충이야. 쇠똥구리는 쇠똥을 먹고 살아."

"똥을 먹는다고? 웩!"

"소똥에는 소가 소화하지 못해 대변으로 나온 영양소가 있어. 쇠똥구리는 그걸 먹고 살아. 그러니까 쇠똥구리는 길가에 지저분하게 널린 동물의 배설물을 없애는 생태계 청소부 역할을 하는 아주 고마운 곤충이지."

"아! 그럼 내가 친 소똥을 굴려 준 것이 바로 쇠똥구리였다는 거지?"

"그래! 내 이마 어떻게 할 거야? 물어내!"

두꺼비는 그제야 자신이 억울하게 꿀밤을 맞은 것이 떠올랐다. 억울하다고 생각하니 이마가 더욱 지끈거리며 아팠다.

어느새 별주부와 두꺼비는 더 깊은 숲속으로 들어갔다. 별주부는 처음 보는 육지 환경에 이것저것을 살피느라 정신이 없었다.

"별주부야. 너 왜 그렇게 고개를 가만두질 못하니?"

두꺼비는 자꾸 두리번거리는 별주부가 이상했다.

"육지라는 곳은 너무 신기해."

별주부는 처음으로 본 육지가 참 아름다운 곳이라는 생각이 들었다. 못 보던 동물들과 식물들이 가득한 광경은 놀랍기만 했다. 여기저기에서 속삭이는 소리들, 그리고 나무들 사이로 새어 들어오는 햇빛이 별주부에게는 신기할 수밖에 없었다.

"난 날마다 오는 곳이라 지겹기만 해."

그런 별주부의 모습을 이해할 수 없다는 듯이 두꺼비는 하품을 했다.

"난 이런 광경을 처음 봐. 날마다 미역 같은 해초만 보며 살았거든. 우아, 얘는 뭐야?"

별주부는 큰 아름드리나무를 가리켰다.

"얘는 나무야. 땅속에 뿌리를 뻗어 물을 흡수해 자라는데, 봄이 되면 꽃이 피거나 싹이 나고, 가을에는 맛있는 열매가 열려. 가을에 한번 놀러 와. 내가 맛있는 열매들을 대접할게."

"뿌리는 어떻게 땅속을 뚫어?"

"간단해. 뿌리 끝에 생장점이 있어. 뿌리를 자라게 하는 성장호르몬이 들어 있는 곳이지. 여기에 생장점을 보호하는 뿌리골무가 있는데, 이 뿌리골무가 땅을 뚫는 역할을 해."

"그럼, 뿌리가 어떻게 물을 빨아들이는 거야?"

"물은 농도가 낮은 쪽에서 농도가 높은 쪽으로 흘러가는 경향이 있어. 뿌리 속의 물의 농도는 높고, 흙 속의 물의 농도는 낮으니까 흙 속의 물이 뿌리로 들어가게 되는 거야."

"우아! 참 신기하구나."

별주부는 다시 한번 감탄했다. 그리고 고개를 들어 눈부신 햇살을 쳐다보다가 하늘을 나는 물체를 발견하고는 다시 두꺼비에게 물었다.

"저건 뭐야?"

"아! 저건 새라는 동물이야."

"새? 쟤네들은 하늘을 나는구나!"

별주부는 신기함 반, 부러움 반으로 새들을 쳐다보았다.

"응, 신기하지? 나도 하늘을 날아 보는 게 소원인데, 새들은 매일 하늘을 날아. 동물 분류로 보면 조류에 속해."

"그런데 좀 이상하지 않니? 뭔가가 가까이 오는걸?"

별주부는 하늘을 쳐다보면서 중얼거렸다. 두꺼비는 그제야 별주부를 따라 하늘을 쳐다보았다.

"안 돼! 으아."

두꺼비의 앓는 소리와 함께 끈적거리는 이상한 물질이 두꺼비의 얼굴에 툭 떨어졌다. 두꺼비 얼굴이 온통 끈적한 것으로 뒤덮였다.

"이게 뭐니?"

"새똥이야. 저 녀석들을 가만두지 않겠어. 잘생긴 얼굴에 어떻게 이런 짓을 할 수가 있어!"

두꺼비는 똥으로 뒤덮인 자기 얼굴에 어쩔 줄 몰라 하며 분노했다.

"윽, 냄새. 어서 연못에 가서 씻고 와."

별주부는 두꺼비의 얼굴에서 나는 냄새에 코를 틀어막으며 외쳤다.

"너, 친구 맞아? 괜찮냐고 묻지도 않고 말이야."

두꺼비는 얼굴을 씻기 위해 연못을 찾았다. 두꺼비가 연못에서 세수를 하는 동안, 별주부는 신기한 풀들에 정신이 팔렸다.

"별주부, 나 다 씻었어. 이제 가자!"

"그런데, 얘는 뭐니?"

"아! 이거? 이건 꽃이야."

별주부는 꽃을 보면서 탄성을 질렀다.

"꽃이라니, 정말 예쁘다. 우리 용궁에도 심고 싶어."

"바다에는 꽃이 없어?"

"바다에는 미역, 다시마 같은 해초밖에 없어. 걔네보다는 이 꽃들이 백배는 더 예뻐. 내가 바다에서 본 미역이랑 다시마와는 정말 차원이 다르게 예쁘다."

"그래? 그럼 꽃에 대해서 좀 알려 줄까? 꽃은 갖춘꽃과 안갖춘꽃으로 나눌 수 있어."

"뭘 갖추고, 뭘 안 갖췄다는 거야? 둘이 어떤 차이가 있는 거야?"

"갖춘꽃은 한 송이의 꽃이 암술, 수술, 꽃잎, 꽃받침을 모두 가지고 있어. 안갖춘꽃은 암술, 수술, 꽃잎, 꽃받침 중 적어도 하나 이상이 없는 꽃이야."

"아하! 그렇구나."

"그리고 꽃잎의 모양에 따라 통꽃과 갈래꽃으로 나눌 수도 있어. 통꽃은 꽃잎이 모두 붙어 있는 도라지 같은 걸 말하고, 갈래꽃은 꽃잎이 떨어져 있는 민들레나 매화 같은 꽃이야."

두꺼비는 별주부에게 꽃에 대해 자세히 설명했다.

"그런데 꽃들은 발도 없는데 어떻게 먹고 살아? 설마 이슬만 먹고 사는 건 아니겠지?"

별주부는 예쁜 꽃들을 보면서, 무엇을 먹고 살기에 이렇게 아름다울까 궁금해졌다.

"꽃과 같은 식물은 햇빛으로부터 스스로 영양분을 만들어. 이걸 광합성이라고 해. 광합성은 식물의 잎 속에 있는 엽록체에서 일어나. 잎의 숨구멍을 통해 들어온 이산화 탄소와 뿌리를 통해 빨아올린 물, 여기에 빛이 어우러져 영양분이 만들어져."

"그러니까 엽록체는 먹이를 만드는 공장이군."

"제법인데? 이번에는 증산 작용이라는 것에 관해 설명해 줄게. 식물은 뿌리로부터 물을 빨아들이는데 이렇게 들어온 물이 잎의 숨구멍을 통해 수증기가 되어 빠져나가거든. 이것을 증산 작용이라고 불러. 식물은 이 기능을 통해 식물 속 물의 양과 체온을 일정하게 유지해."

"그러니까 증산 작용은 우리가 땀을 흘리고 오줌을 누는 것과 비슷한 거군."

둘은 아름다운 꽃을 바라보면서 식물의 신비함에 빠져들었다.

더 알아보기

별주부

꽃이라고 해서 다 같은 꽃은 아니라고?

두꺼비

꽃은 여러 부분으로 이루어져 있어. 꽃잎, 꽃받침, 수술, 암술이 그 부분들이에요. 모든 부분이 있는 꽃을 '갖춘꽃'이라고 해. 예를 들어 장미나 민들레가 갖춘꽃이야. 반대로, 이 중에 어떤 부분이 없는 꽃은 '안갖춘꽃'이고. 그리고 꽃잎이 모두 붙어 있는 꽃을 '통꽃'이라 하고, 꽃잎이 따로따로 갈라져 있는 꽃을 '갈래꽃'이라고 해. 나팔꽃은 통꽃이고, 벚꽃은 갈래꽃이지. 이렇게 꽃은 모양과 구조에 따라 다양한 이름을 가지며, 각기 다른 모습을 하고 있어.

별주부

식물은 어떻게 먹이를 만들고 숨을 쉴까?

두꺼비

식물은 '광합성'이라는 특별한 방법으로 먹이를 만들어. 잎에 있는 '엽록소'라는 초록색 물질이 햇빛을 받아 에너지를 만들지. 이 에너지를 이용해 물과 이산화 탄소로 식물의 먹이인 '포도당'을 만들고, 산소도 함께 내보내. 그래서 식물은 낮 동안에 우리가 숨 쉴 수 있는 산소를 만들어 줘. 또한, 식물은 '증산 작용'이라는 과정으로 물을 내보내. 잎에 있는 작은 구멍인 '기공'을 통해 물이 수증기 형태로 빠져나가면서 시원해지는 효과도 있지. 이렇게 광합성과 증산 작용 덕분에 식물은 스스로 먹이를 만들고 숨도 쉬며 건강하게 자라는 거야.

파리지옥에 빠진
똥파리

두꺼비와 별주부는 토끼를 만나기 위해 다시 열심히 걷기 시작했다. 한참을 걷던 두꺼비가 멈춰 섰다.

"다리가 너무 아파."

두꺼비는 퉁퉁 부은 발을 주무르며 자리에 주저앉았다.

"나도 피곤해. 우리 잠시 쉬었다 갈까?"

"그러자. 저기가 좋겠어."

두꺼비와 별주부는 큰 느티나무 아래에서 잠시 휴식을 취하기로 하였다. 그동안의 여정이 매우 힘들었는지 둘은 금세 단잠에 빠져 버렸다. 별주부는 꿈속에서 용왕을 만났다.

"용왕님, 제가 용왕님을 위해서 토끼를 잡아 왔습니다."

별주부는 기쁜 마음으로 용왕에게 달려가 고하였다.

"그래, 역시 별주부 그대는 충신이오."

"별말씀을요. 전 자나 깨나 오직 전하를 위한 마음뿐입니다."

"토끼는 어디에 있소?"

"여기 대령하였사옵니다."

별주부는 자신이 들고 온 자루를 용왕에게 보이며 이 자루 속에 토끼를 잡아 왔노라고 하였다.

"어디 보자. 아니, 별주부! 이것이 무엇이오? 망측하오."

용왕은 한 손으로는 눈을, 다른 한 손으로는 코를 막았다.

자루 속에는 토끼가 아닌 쇠똥이 한가득 있었다. 용왕은 인상을 찌푸리며 쇠똥 자루를 멀리 내던졌다.

"아니, 이럴 수가! 이것은 누군가의 모함이옵니다."

"듣기 싫소! 이것은 과인을 무시한 행동이니 형벌을 내리겠소."

용왕은 단단히 화가 난 듯했다.

"용왕님, 용서해 주시옵소서. 다시 한번 기회를 주신다면 반드시 토끼를 잡아 오겠습니다."

별주부는 용왕에게 살려 달라고 애걸복걸하였다. 하지만 용왕은 들은 체도 하지 않았다. 용왕의 명령에 관군들은 별주부의 팔과 다리를 붙잡았다.

"아, 간지러워. 으하하~ 전하, 저를 용서해 주십시오. 다시는, 음 하하하, 전하."

별주부는 관군들이 자기 몸을 마구 간질이는 바람에 웃음을 참지 못했다. 예상하지 못했던 간지러움 형벌에 배가 아파서 숨을 쉴 수 없는

지경까지 이르렀다.

"웽웽."

'너무 간지러워서 숨을 쉴 수가 없어. 그런데 이게 무슨 소리지? 분명히 웽웽하는 소리를 들은 것 같은데. 내 귀가 잘못되었나? 웬 환청이 들리지?'

별주부가 속으로 생각하고 있는데, 믿을 수 없게도 관군들이 웽웽 소리를 내고 있었다.

"야! 일어나 봐. 무슨 잠꼬대를 이렇게 하니? 이놈의 파리들 때문에 잠을 못 자겠네."

별주부는 그제야 꿈에서 깨 눈을 떴다.

"휴~ 꿈이었구나. 간지러워 죽는 줄 알았네. 글쎄 내 꿈에서 관군들이 나를 어찌나 간질이던지."

별주부는 아직도 몸이 간지러운지 발과 얼굴을 긁으며 말했다.

"무슨 소리야, 파리들이 날아들어서 한숨도 못 잤어. 요 파리 녀석들 잡히기만 해 봐라."

"파리라고?"

별주부는 주위를 둘러보았다. 검은색의 조그만 물체가 작은 날개로 웽웽 소리를 내며 날아다니고 있었다.

"쟤네들이 우리의 단잠을 방해했어. 이리 못 와? 너 잡히면 죽었어!"

두꺼비는 파리를 잡으려고 했지만 파리가 너무 빨리 움직여서 잡을 수가 없었다.

"저것들 정말, 빠르긴 엄청나게 빨라. 참! 별주부 너는 파리에 대해서 잘 모르겠구나. 내가 저놈들에 대해 알려 주지. 파리의 입은 긴 관 모양이야. 관 끝은 귓불 모양인데 이것으로 음식물을 빨아 먹지."

"파리는 이빨이 없어?"

"없어. 대신 혀는 있지. 혀는 끈적거리는 액체로 뒤덮여 있어."

"그럼 눈은?"

"수천 개의 렌즈가 모여 이루어진 겹눈과 홑눈 세 개가 있어."

두꺼비는 별주부에게 한참 동안 파리에 관해 알려 주었다. 별주부는 파리 이야기를 들으며 고개를 끄덕거렸다.

"육지에는 정말 신기한 것들이 많구나. 근데 왜 이곳에 파리가 이리도 많은 거야? 앗! 근데 이게 무슨 냄새야?"

"사실 내가 멀리 가기 귀찮아서 저기 풀숲 옆에서 용변을 좀 보았어. 파리가 특히 똥을 좋아하거든."

"뭐야? 어쩐지 꿈에 똥이 나오더라."

그때 마침 파리 한 마리가 이상한 모양의 식물 위에 앉았다.

"두껍아, 저기 파리가 앉았어!"

"그래? 어디?"

두꺼비는 별주부가 가리키는 곳을 보았다.

"헉! 저것 봐. 저 식물이 파리를 먹어 치우고 있어! 이런 돌팔이 선생!

아까 식물은 파리 같은 건 먹지 않는다고 했잖아."

별주부가 두꺼비를 나무라자, 두꺼비는 답답하다는 듯이 가슴을 치며 말했다.

"별주부야, 넌 몰라도 한참 몰라. 저건 파리지옥이라는 거야."

"파리지옥이라니? 무슨 감옥 이름이니?"

"얘도 참! 식물이 어떻게 파리를 잡아먹느냐고 했지? 파리지옥은 잎을 벌려 벌레를 유혹한 다음, 벌레가 앉으면 잽싸게 잎을 닫아. 그러고는 소화액을 분비해 벌레를 천천히 녹여 먹지."

"파리지옥은 식물이잖아? 그럼 광합성으로 영양분을 얻는데 왜 더러운 파리를 잡아먹는 거지?"

"파리지옥같이 벌레를 잡아먹는 무시무시한 식물을 식충식물이라고 불러. 식충식물들은 광합성을 하기 위해 꼭 필요한 엽록소가 없어. 그래서 곤충이나 작은 동물을 잡은 다음 소화 효소로 분해하여 필요한 영양분을 얻는 거야. 유명한 식충식물로는 파리지옥, 끈끈이주걱, 물레방아풀, 벌레잡이통풀, 코브라 백합 등이 있지."

"잔인한 식물이구나. 파리를 저렇게 잡아먹고 말이야."

파리지옥이 파리를 잔인하게 삼키는 모습을 본 별주부는 혀를 끌끌 차며 안타까워했다.

"아, 나도 배가 고프면 이렇게 잡아먹는걸?"

두꺼비는 아무렇지도 않다는 듯이 풀잎에 앉아 있던 파리를 혀를 내

밀어 날름 잡아먹었다.

"웩! 파리가 맛있어?"

별주부는 호로로록 맛있게 파리를 먹
는 두꺼비를 이해할 수가 없었다.

"그럼, 이게 얼마나 고단백질 영양
식인데. 특히나 똥을 먹고 자란 똥파
리가 제일 맛있어. 고소하고 담백해."

"웩! 너의 특이 체질에 내가 항복을
선언한다. 선언해!"

별주부는 점심때 먹은 밥이 올라오려는 것을 간신히 참았다.

"너도 한번 먹어 볼래?"

두꺼비는 똥파리를 한 마
리 더 잡아서는 별주부에
게 내밀었다.

"됐어. 안 먹어! 그걸 먹
느니 일주일을 굶겠다."

"하하하, 친구야, 한번 먹어 보
렴."

두꺼비는 사랑스러운 눈빛으로 별주
부를 유혹했다.

"됐어! 저리 안 치워?"

별주부는 똥파리를 들고 옆으로 다가오는 두꺼비가 두려워 저 멀리 달아났다. 이렇게 티격태격하며 숲길을 따라가던 두꺼비와 별주부는 갑자기 나타난 갈림길에서 멈춰 섰다.

"토끼한테 가려면 어느 쪽으로 가야 하지?"

별주부는 갈림길에서 갈팡질팡하고 있었다.

"어느 길이 맞을까요? 알아맞혀 보세요. 딩동댕~"

두꺼비가 갑자기 노래에 맞춰 두 손을 번갈아 가며 왼쪽과 오른쪽 갈림길을 가리켰다. 별주부는 그 모습을 어이가 없다는 듯이 바라볼 뿐이었다.

"이런 돌팔이 두꺼비 선생 같으니라고. 마지막에 '척척 박사님께 물어보세요~'를 안 했잖니!"

두꺼비는 그제야 고개를 끄덕거리며 별주부가 시키는 대로 하였다.

"척척 박사님께 물어보세요. 와! 왼쪽이다, 왼쪽 길이야!"

별주부와 두꺼비는 왼쪽 길을 따라 다시 걷기 시작했다.

"여기에는 빨간 꽃들이 한가득 피어 있네."

별주부 말대로 길가에 빨간 꽃들이 가득 있었다. 그 꽃들은 아가의 입술처럼 빨갰다.

"오호! 이건 봉숭아야. 특히 소녀들이 좋아하는 꽃이지."

"소녀?"

"웅. 인간 중에서도 여자아이를 가리켜 소녀라고 해. 소녀들은 이 봉
숭아를 자기 손톱에 물들이는 것을 좋아해."

톡! 톡!

바로 그때, 갑자기 두꺼비와 별주부의 몸을 향해 조그만 총알 같은
것들이 날아왔다.

"아야! 이게 뭐야?"

별주부는 울상이 되었다.

"어디서 이런 게 날아온 거지?"

"설마, 저기?"

두꺼비가 봉숭아 꽃씨 주머니가 열린 곳을 바라보며 말했다.

"어어, 또 날아온다."

'톡' 소리와 함께 조금 전에 보았던 봉숭아꽃들 주변에서 무언가가 또 날아왔다.

"아! 이건 봉숭아 씨야!"

봉숭아 씨를 피하면서 두꺼비가 말했다.

"봉숭아씨라고? 무슨 씨가 이렇게 총알처럼 날아오지?"

"씨앗이 퍼지는 것을 번식이라고 하는데, 식물은 다양한 방법으로 씨앗을 퍼뜨리지. 단풍나무, 소나무, 민들레, 씀바귀 등의 씨앗은 바람을 따라 날리면서 퍼져. 이런 씨앗들은 씨앗에 날개와 털이 있어 낙하산처럼 날 수 있지. 또, 나팔꽃, 봉숭아, 괭이밥, 산 등나무 등은 씨앗을 터뜨리면서 흩어져. 마지막으로 도깨비바늘, 도꼬마리는 도둑놈의 갈고리처럼 동물의 털이나 사람의 옷에 붙어서 퍼져. 이렇게 식물은 씨앗을 퍼뜨려 새로운 식물을 태어나게 하는 거야."

두 사람은 봉숭아의 씨앗을 손에 쥐고 다시 길을 걸었다.

더 알아보기

별주부

파리 눈이 두 개가 아니라 여러 개라고?

두꺼비

응! 파리에게는 홑눈과 겹눈이라는 특별한 눈이 있어. 겹눈은 아주 작은 눈들이 모여 큰 눈처럼 보이는데, 파리 얼굴 양쪽에 하나씩 있어서 여러 방향을 한꺼번에 볼 수 있지. 그래서 파리는 뒤에서 살금살금 다가오는 것도 쉽게 알아차려. 그리고 파리 머리 위에는 홑눈이라는 작은 눈들이 있어. 이 눈들은 빛의 밝기 변화를 느끼게 해 주지. 홑눈 덕분에 파리는 주위가 밝아졌는지 어두워졌는지 빨리 알 수 있어. 이렇게 파리의 겹눈과 홑눈이 함께 작용해서 파리는 주변을 빠르게 살피며 위험을 피할 수 있는 거야.

별주부

씨앗은 어떻게 멀리 퍼져서 자랄 수 있을까?

두꺼비

씨앗은 멀리 퍼져서 새로운 곳에서 자라기 위해 다양한 방법을 사용해. 예를 들어, 봉숭아 씨앗은 열매가 다 자라면 톡 하고 터지면서 씨앗이 멀리 튀어나가. 스스로 튀어나가서 새로운 땅에 자리잡는 거지. 또 다른 씨앗들은 바람을 이용해 멀리 날아가기도 해. 민들레 씨앗은 솜털을 달고 있어서 가벼운 바람에도 멀리 퍼질 수 있어. 동물의 도움을 받는 씨앗도 있어. 어떤 씨앗들은 동물의 털이나 발에 달라붙어 함께 이동하면서 멀리 퍼지기도 하고. 물에 떠서 강이나 호수를 따라 흘러가는 씨앗들도 있어. 이렇게 씨앗들은 터지거나, 바람을 타거나, 동물과 함께 움직이거나, 물을 이용해 멀리 퍼져 다양한 곳에서 자라날 수 있는 거야.

날름날름 뱀, 방귀 뿡 스컹크, 박쥐 떼의 공격!

별주부와 두꺼비는 점점 깊은 숲속으로 들어갔다. 숲속으로 들어가면 들어갈수록 어두침침한 게 뭔가 서늘한 기운이 느껴졌다.

"그런데 말이야. 여기 정말 너무 음침하지 않니?"

"너도 느꼈어? 갑자기 드는 이 불길한 기분은 뭐지?"

두꺼비 또한 기분이 이상했다.

"이거 봐! 이게 뭐지?"

별주부의 오른쪽에 지팡이처럼 보이는 물체가 있었다. 별주부는 옆에 있는 지팡이처럼 생긴 걸 툭툭 쳤다. 그러자 갑자기 지팡이가 머리를 쳐들고 혀를 날름거리는 것이 아닌가?

"두껍아! 얘는 뭐니?"

별주부가 호기심 가득한 눈으로 지팡이가 혀를 날름거리는 모습을 가까이서 지켜보고 있었다.

"너 뭘 건드린 거야? 뱀이잖아! 피하는 게 좋을걸?"

두꺼비는 뱀을 보고 기겁을 했다.

"뱀? 그런데 기분 나쁘게 왜 자꾸 혀를 날름거려? 나를 약 올리는 거야, 뭐야?"

별주부는 뱀이라는 동물을 혼내 주려고 가까이 다가가려 했다. 그 모습을 본 두꺼비가 급히 별주부를 막아섰다.

"멈춰! 위험해! 뱀이 혀를 날름거리는 건 공기 중에 퍼져 있는 냄새를 맡기 위해서야. 뱀의 입에는 냄새를 맡는 야콥슨 기관이 있는데, 뱀은 혀로 이 기관에 공기를 넣어 냄새를 맡아. 뱀은 시력이 안 좋아. 청력도 안 좋지. 그래서 냄새로 먹잇감을 찾는 거야. 귀의 역할을 하는 기관은 턱 가까이에 있는데 땅에 울리는 진동을 턱뼈에 전달해서 먹잇감의 소리를 들어."

두꺼비는 별주부에게 설명하면서도 경계를 늦추지 않았다. 하지만 아무것도 모르는 별주부는 뱀을 관찰하려고 더 가까이 다가갔다.

"얘도 잔인한 동물이야?"

"그걸 말이라고 하니? 이 뱀은 코브라야. 독사의 일종이라 물리면 죽어. 코브라 독은 신경독이야. 신경독에 감염되면 신경 조직이 파괴되면서 호흡 곤란을 일으키거든. 그리고 결국엔 죽게 되는 아주 무서운 독이지. 얼른 도망가야 해."

"뭐야? 왜 그걸 이제 말해?"

"내가 처음부터 피하자고 했잖아. 으악~ 뒤에서 막 기어 온다! 어서 달려!"

별주부와 두꺼비는 그제야 냅다 달리기 시작했다. 하지만 별주부의 걸음이 워낙 느려 곧 따라잡힐 것만 같았다. 별주부는 죽을힘을 다해 뛰면서 살 방법을 생각했다. 그때 마침 두꺼비는 별주부가 가지고 있던 대형 거울이 생각났다.

"그래, 맞아! 거울이 있었어."

갑자기 별주부가 멈춰 섰다.

"거울로 뭘 하려고?"

갑자기 멈춰 서서는 거울을 만지작거리는 두꺼비 때문에 별주부는 불안해서 미칠 지경이었다.

"내가 하는 걸 잘 봐. 이얍!"

두꺼비는 기합 소리와 함께 거울을 뱀 앞으로 던졌다. 그러자 뱀은 갑자기 속도가 느려지면서 거울 위에서 제대로 기지 못하고 계속해서 미끄러졌다.

"와, 두꺼비 너 대단한걸? 어떻게 이런 생각을 했어?"

"간단해. 뱀이란 동물은 보아하니 비늘과 척추의 힘, 그리고 근육을 이용하여 움직이는데 그러한 동물들은 거울같이 미끄러워 마찰이 적은 곳에서는 잘 기어가지 못해."

두꺼비는 자신이 알고 있는 것을 술술 이야기했다.

"그런데 두껍아, 너 토끼가 있는 곳이 어딘지 확실히 아는 거 맞아?"

"분명 여기 어디쯤이었는데……. 아! 스컹크에게 물어보면 되겠다. 얼마 전 스컹크가 토끼를 만났다고 했거든."

"스컹크? 걔는 또 누구야?"

"보면 알아. 이 주변에 살거든. 아, 마침 저기 있네. 스컹크! 나 좀 봐!"

저만치 풀숲에서 스컹크 한 마리가 나타났다. 스컹크는 족제비와 비슷하지만 몸이 땅딸막하며 꼬리는 길고 귀는 작았다. 그리고 몸 빛깔은 검은색인데 백색 반점과 줄무늬가 있으며, 꼬리는 흑백의 얼룩무늬였다.

"이야, 오랜만이다. 두껍아! 그런데 네 옆에는 누구야?"

스컹크는 육지에서 한 번도 보지 못한 동물인 별주부를 신기한 듯 바라보며 물었다.

"응. 얘는 별주부야. 멀리 남해에서 왔지."

"아! 책에서만 보던 자라구나. 그런데 그 먼 데서 웬일이야?"

"토끼를 찾으러 왔대서 도와주고 있어. 너 토끼가 살고 있는 곳이 어디인지 잘 알지?"

스컹크는 고개를 끄덕이며 서쪽 언덕을 가리켰다.

"그나저나 토끼가 이렇게 생겼다고 들었소. 진짜 이와 비슷하오?"

별주부는 자신의 등에 꽂고 다니던 토끼 그림을 스컹크에게 보여 주면서 물었다.

"음~ 누가 그렸는지 몰라도 똑같구먼!"

스컹크는 그림을 보면서 감탄했다. 토끼의 눈, 코, 입 그리고 짧은 꼬리까지 바다 동물이 그렸다고는 상상할 수 없을 만큼 멋지고 훌륭한 토끼 초상화였다.

"아하! 역시 남해 최고 도공이 그려서 그런가 보오. 그럼 토끼는 자네보다는 잘생겼겠군."

"뭐야? 토끼가 얼마나 지저분한 줄 알아? 그놈은 자기 똥을 먹고 산다고!"

스컹크는 별주부가 농담 삼아 한 말에 분노했다. 그러고는 토끼의 뒷이야기를 주저리주저리 늘어놓기 시작했다. 하지만 별주부의 눈치 없는 농담은 계속되었다.

"스컹크, 자네는 피부가 왜 그리 얼룩덜룩하오? 토끼는 하얗고 깨끗하기라도 하지."

옆에서 두꺼비가 별주부에게 눈총을 주었지만, 별주부는 아랑곳하지 않았다.

"이래 봬도 내 피부는 천연 피부요! 얼마나 깨끗한데. 한번 만져 봐요. 매일 피부 관리도 한답니다. 어때? 매끄럽지 않소?"

스컹크는 별주부에게 자기 얼굴을 들이밀었다.

"윽, 더러워."

"뭐요? 흥! 나도 참는 데 한계가 있어."

스컹크는 마침내 폭발하기 일보 직전이었다.

"스컹크, 네가 조금만 참아. 별주부 애가 육지가 처음이라 정신이 오락가락하나 봐."

뒤늦게 두꺼비가 말렸지만 소용없었다.

뿌우웅!

결국 스컹크의 방귀 폭탄이 발사되고 말았다.

"웩! 이게 무슨 냄새지?"

갑자기 뿌연 연기가 스컹크의 엉덩이 사이에서 나오더니 스멀스멀 퍼지기 시작했다.

"스컹크가 네 말에 화가 나서 방귀 폭탄을 터뜨린 거야. 그러게 내가 스컹크의 심기를 건드리지 말랬지?"

고약한 냄새가 순식간에 숲을 뒤덮었고, 주변에 있던 모든 식물도 고개를 숙이고 시들어 버릴 만큼 방귀 냄새는 지독했다.

"네 말이 무슨 말인지 이제야 알겠어. 두껍아, 숨이 막혀 죽을 것 같아. 설마 이대로 죽진 않겠지?"

"일단 여기서 빠져나가자. 토끼가 있는 곳도 알았으니 최대한 멀리 도망가자고."

두꺼비와 별주부는 화가 난 스컹크를 뒤로하고 냄새를 피해 달아나기 시작했다. 둘은 단숨에 언덕을 넘었다.

"냄새가 계속 나는 것 같아. 아직 따라오는 건 아니겠지?"

"그럴지도 몰라. 냄새가 없어지질 않는걸."

"무서워, 별주부야! 네 등딱지 덕 좀 보자."

"알았어. 얼른 타. 초고속으로 달린다."

두꺼비는 별주부의 등딱지에 올라탔다. 그리고 떨어질까 무서워 별주부 등을 꼭 잡았다.

"역시나 뒤따라오고 있어. 스컹크가 맘을 단단히 먹었나 봐. 별주부야! 그런데 언제 출발하니?"

두꺼비가 멈춰 있는 듯한 별주부에게 물었다.

"힘들어. 말 시키지 마. 지금 얼마나 열심히 달리고 있는데. 헥헥헥…… 나 완전 초고속이야."

"어이구! 내가 뛰는 게 더 빠르겠어. 그나저나 너 어디로 가는 거니? 토끼가 사는 곳은 반대 방향이잖아."

별주부는 두꺼비의 말에 깜짝 놀랐다. 그러나 이미 반대편 길로 들어서서 한참을 초고속으로 달려온 터라 너무 힘이 들었다.

"이왕 이렇게 된 거, 저 앞에 보이는 동굴에 들어가자. 스컹크가 여기로 오지 못할 거야."

두꺼비가 바로 앞에 보이는 작은 동굴을 가리켰다.

"알았어."

두꺼비는 당당하게 동굴 속으로 걸어 들어갔다. 하지만 별주부는 동굴 속이 너무 어두워 귀신이라도 튀어나올 것만 같아 잠시 멈칫했다.

"그런데 여기는 왜 이리 어두운 거야?"

"동굴 안이니까 그렇지. 동굴은 자연적으로 땅속에 생긴 공간이야. 그러니 이렇게 어두컴컴하지."

"그런 거야? 아무튼 너무 무서워."

별주부는 앞이 보이지 않자 두려웠다.

"나만 믿어! 이 두꺼비 형님이 너를 지켜 주마."

두꺼비는 별주부의 손을 잡아끌었다. 육지 선배인 두꺼비가 앞장서서 동굴 속에서 쉴 만한 자리를 찾기 시작했다. 두려움에 덜덜 떨던 별주부도 이내 익숙해졌는지, 뒤에서 군말 없이 따라왔다.

"별주부야! 너 내 덕에 동굴 구경도 하고 좋지?"

두꺼비가 뒤따라오는 별주부에게 말을 걸었다. 하지만 뒤에서는 아무 대답이 없었다. 두꺼비는 문득 두려운 생각이 들었다.

"별주부야! 잘 따라오고 있는 거니? 왜 대답이 없어?"

다시 한번 별주부를 불렀지만, 아무런 대답이 없었다. 그때였다.

"으흐흐, 두껍아, 두껍아, 헌 집 줄게, 새집 다오."

두꺼비 바로 뒤쪽에서 속삭이는 소리가 들려오는 것이었다.

"이게 무슨 소리지? 별주부야 어디 있어?"

두꺼비는 고개를 두리번거리며 별주부를 애타게 찾았다. 그런데 그
때 누군가가 두꺼비 어깨에 손을 탁 올렸고, 두꺼비는 너무 놀라서 벌
러덩 뒤집어졌다.

"으악~ 누구, 누구세요?"

두꺼비는 너무 놀라 말을 더듬거렸다.

"귀신 따위는 두렵지 않다면서? 놀라기는, 크크크."

별주부가 동굴이 쩌렁쩌렁 울리도록 웃었다.

"우아, 깜짝이야. 별주부, 너 정말 이럴 거야? 심장이 터져 버리는 줄
알았잖아."

두꺼비는 별주부라는 걸 알고 안도의 한숨을 쉬면서도 한편으로는
괘씸한 생각이 들었다.

"다시는 이러지 마, 한 번만 봐주겠어. 암튼 저기쯤에서 10분만 쉬었
다 가자."

"으악, 별주부 살려!"

이번에는 별주부가 자신 앞에 이상한 물체가 획 지나가는 것에 기겁

했다.

"두껍아, 이번엔 정말 귀신인 것 같아. 뭐가 막 날아다녀!"

별주부는 두려움에 가득 찬 목소리로 두꺼비에게 도움을 요청했다.

"별주부야! 장난치지 말랬지?"

두꺼비는 두 번 다시 속지 않겠다고 생각하며 묵묵히 동굴 속으로 들어갔다.

"아냐~ 정말이라니까!"

"이젠 안 속아!"

휙!

그때 마침 휙 소리와 함께 두꺼비 앞으로 무언가가 지나갔다.

"으악, 두꺼비 살려."

"거 봐! 내 말이 맞지?"

별주부가 두꺼비에게 보란 듯이 소리쳤고, 두꺼비는 고개를 들어 위를 쳐다보았다.

"어이구! 저건 박쥐야."

두꺼비가 가슴을 쓸어내리며 말했다.

"박쥐? 쟤도 새야? 여기는 왜 이리 희한하게 생긴 동물들이 많아?"

"박쥐는 새가 아니야."

"왜? 날아다니잖아?"

"새처럼 알을 낳지 않고, 사자나 고양이처럼 새끼를 낳아 젖을 먹여 키우는 포유류야. 박쥐의 날개는 앞다리가 변한 거야. 특히 앞다리의 두 번째 발가락부터 다섯 번째 발가락이 유난히 길게 발달했어. 발가락 뒤로 피부가 늘어나 고무 막처럼 얇은 막을 이루고 있는데, 그것이 새의 날개처럼 변한 거지."

"그런데 쟤들은 이렇게 캄캄한 곳에서 어떻게 부딪치지 않고 잘 날아다니는 거야?"

"박쥐는 초음파를 이용해서 물체의 위치를 알 수 있어. 초음파는 진동수가 너무 커서 우리 귀에 들리지 않는 소리야. 입으로 소리를 내면 코가 다시 초음파로 발생시켜 내보내지. 이때 초음파가 물체에 부딪치고 되돌아오면 그걸 듣고 물체의 위치를 알아내는 거야. 박쥐는 보통 때는 1분에 10~20회 정도 초음파를 발생시키지만 장애물이 나타나면 1초에 200회 정도 초음파를 발생시켜 장애물을 피할 수 있어."

"어라! 그런데 쟤네들이 우리한테로 날아오는 것 같지 않니?"

까만 박쥐들이 점점 커다란 먹구름처럼 모이더니 별주부와 두꺼비를 향해 다가오고 있었다.

"네가 보기에도 그렇지? 아마 우리를 불청객이라고 생각하나 봐."

"도망가는 게 좋을 것 같은데?"

아니나 다를까, 순식간에 박쥐들이 둘에게 마구 달려들었다.

"어떻게 된 게 우리를 환영해 주는 곳은 없는 거야? 얼른 동굴 밖으

로 나가자!"

별주부와 두꺼비는 숨 돌릴 틈도 없이 동굴 밖으로 냅다 줄행랑쳤다.

더 알아보기

별주부

뱀은 왜 혀를 날름날름 내밀고 다닐까?

스컹크

뱀은 혀를 날름거리며 냄새를 맡아! 우리처럼 코로 맡는 게 아니라, 뱀은 혀를 이용해 공기 중의 냄새를 느낄 수 있지. 뱀이 혀를 내밀면 공기 속에 있는 작은 냄새 입자들이 혀에 붙어. 그런 다음 뱀은 혀를 입안으로 넣어 '야콥슨 기관'이라는 특별한 곳으로 냄새 입자들을 보내. 이 기관이 냄새를 분석해서 먹이의 위치나 주변에 위험이 있는지 알려 주지. 게다가 뱀의 혀는 양쪽으로 갈라져 있어서 왼쪽과 오른쪽의 냄새를 따로 맡을 수 있어. 덕분에 냄새가 나는 방향도 쉽게 찾아, 먹이 쪽으로 움직일 수 있어. 뱀은 이렇게 혀를 날름거리며 세상을 탐험하는 거야.

두꺼비

박쥐가 새가 아니라고?

스컹크

박쥐는 날아다니지만, 사실은 새가 아니라 '포유류'라는 동물이야. 포유류는 새끼를 낳고 엄마 젖을 먹여 키우는 동물을 말해. 박쥐도 알을 낳지 않고 새끼를 낳아 기르지. 또 박쥐는 어두운 곳에서도 잘 날 수 있는 특별한 능력이 있어. 바로 '초음파'를 사용하는 건데, 박쥐는 입이나 코로 초음파를 내보내고, 이 소리가 물체에 부딪혀 되돌아오면 그 소리를 듣고 장애물이나 먹이가 어디 있는지 알 수 있어. 이렇게 박쥐는 눈 대신 초음파를 이용해 길을 찾고 먹이를 찾으며 어두운 밤에도 자유롭게 날아다닐 수 있지.

7막

영리한 토끼,
용궁 행을 고민하다

두꺼비와 별주부는 '걸음아 나 살려라.' 동굴 밖으로 달려 나왔다.

"헥헥! 이제 좀 살 것 같네. 오늘 운동 한번 제대로 했다. 살 좀 빠지겠는걸?"

두꺼비는 헥헥거리면서도 조금 날씬해진 것 같다며 별주부 앞에서 호들갑을 떨었다.

"그래, 넌 좀 살을 빼야 할 것 같아. 내 몸매를 좀 보고 반성하렴."

위험한 곳에서 겨우 벗어나고도 둘은 신이 나서 서로 재잘거렸다.

"나도 왕년에는 그랬거든. 네 덕분에 핼쑥해진 내 얼굴 좀 봐. 뭐, 이참에 살 빼서 영화 오디션에 한번 도전장을 내밀어 봐야겠어."

두꺼비는 자기 얼굴을 만지며 흡족해했다.

"암, 다 내 덕분이지. 오디션에 합격하면 나도 시사회에 초대해 줘."

"당연하지. 그나저나 어느 쪽 길이더라? 아! 저기 표지판이 있군."

두리번거리던 두꺼비가 표지판 앞에서 멈춰 섰다.

"오! 저기 '전방 50미터 앞 토끼네 집'이라는 간판이 있네. 좋았어. 저쪽이야!"

별주부와 두꺼비는 표지판을 따라 세 개의 언덕을 넘었다. 그러자 개울 건너 저편에 편편한 산자락이 나타났다. 그 건너편에는 한 짐승이 뛰어놀고 있었다.

"저기 뛰어놀고 있는 것이 토끼인가?"

"드디어 찾았구나! 이제 만나서 잡아 오는 일만 남았어."

별주부와 두꺼비는 토끼를 찾았다는 기쁨에 신이 나서 두 손을 맞잡고 껑충껑충 뛰었다.

"저렇게 몸집이 크고 영리한 토끼를 그냥 잡는 것은 불가능해. 대화로 잘 구슬려야 할 거야."

"토끼를 잡아갈 생각을 하니 벌써 마음이 설레네."

별주부는 긴장하는 마음 반, 설레는 마음 반으로 심장이 두근두근 뛰었다.

"우리 힘내자. 파이팅! 나의 뛰어난 화술로 토끼 녀석을 유인해서 바다로 집어넣겠어."

"고마워. 우린 정말 찰떡궁합 파트너야."

둘은 하이 파이브를 하며 서로를 격려했다.

"자! 그럼 가 볼까?"

별주부는 두꺼비를 태우고 개울을 건넜다. 그리고 마침내 들판에서 뛰어놀고 있는 토끼에게 다가갔다.

"안녕하세요!"

별주부와 두꺼비는 무작정 인사부터 건넸다.

"네? 누구신지?"

토끼는 생전 처음 보는 동물의 인사에 눈을 동그랗게 뜨며 경계했다.

"저는 별주부, 그리고 옆에 이 친구는 두꺼비입니다."

별주부는 아랑곳하지 않고 자신과 두꺼비를 소개했다. 그제야 토끼는 약간의 경계를 푸는 듯했다.

"전 토끼입니다만, 무슨 일로 오셨습니까?"

"저희가 육지에서 단 한 명만을 뽑아 용궁빌라에 거주할 수 있는 좋은 기회를 드리고 있는데, 이번에 토끼님께서 행운의 주인공으로 뽑혔습니다. 그래서 모셔 가려고 왔습니다."

토끼는 다짜고짜 용궁으로 가자는 말에 의심스러운 생각이 들었다.

"저를요? 저는 응모한 적도 없는데요?"

"아, 하하하! 그러니까 그게, 용궁 대신들과 회의한 결과, 육지에서 가장 똑똑하고 영리하다고 소문난 토끼님을 꼭 데려와야 한다고 의견을 모았습니다. 다들 기다리고 있으니 같이 가시지요."

"갑자기 다짜고짜 용궁으로 가자니 당황스럽습니다. 게다가 요즘 워낙 사기가 많아서 쉽게 믿을 수 없군요."

토끼는 여전히 의심스러운 눈빛으로 별주부를 경계했다.

"거참! 날이면 날마다 오는 기회가 아닙니다. 저도 이 친구에게 용궁 구경 좀 시켜 달라고 그렇게 졸랐는데, 용왕님께 허락을 못 받았다면서 다음에 구경을 시켜 주겠다고 하더군요. 기회를 놓치지 마세요."

옆에서 두꺼비가 별주부를 도와 바람을 잡았다.

"그렇지만 전 육지 생활에 별 불만이 없어요. 봄이면 예쁜 꽃과 나비들을 볼 수 있고, 여름이면 시원한 물에 세수할 수도 있고, 가장 좋은 건 가을에 나는 과일을 먹을 수 있다는 거죠. 이런 것이 소박한 행복 아니겠어요? 전 여기 생활로도 만족합니다. 돌아가세요."

토끼는 육지 생활에서 벗어나고 싶은 마음이 없었던 터라 별주부의 제안을 거절했다. 별주부는 생각지도 못한 토끼의 거절에 걱정이 들었다. 그러나 갑자기 호기심도 생겼다.

"과일이라고요? 그깟 과일이 뭐기에 용궁빌라를 포기한다는 겁니까? 대체 과일이 어디서 난단 말이오?"

"과일은 꽃에서 생겨요. 꽃가루가 암술머리에 붙으면 수정이 이루어지고 꽃이 지면 열매를 맺는 거죠."

"꽃이 과일이 된다고요? 그 조그마한 꽃에서 과일이 되는 부분이 어디란 말입니까?"

"크게 두 가지로 나뉘는데 씨방이 자라서 열매가 되는 참열매와 씨방이 아닌 곳이 자라서 열매가 되는 헛열매가 있지요."

"씨방이 아니면 대체 어디서 자란다는 것인가요?"

"꽃받침이나 꽃줄기가 자라서 만들어져요. 헛열매는 살이 많죠. 배, 사과, 무화과, 딸기 등이 헛열매에 속해요. 그리고 참열매는 복숭아, 수박, 토마토 등이에요. 이런 맛난 과일을 먹을 수 없는 용궁이라면 빌라가 아니라 용왕님을 준대도 싫어요."

아무래도 토끼의 화려한 말솜씨를 이기기 힘들겠다는 생각이 들자 별주부는 막무가내 작전으로 나가야겠다고 생각했다.

"에이, 사실 바닷속이 궁금하시잖아요. 토끼님! 이번에 놓치시면 다시는 오지 않는 기회입니다. 그렇다면 겨울은 어떻습니까? 육지에서 봄, 여름, 가을을 풍족하게 보낸다 해도 겨울이면 추워서 먹을 것조차 구하기 어렵지 않습니까?

"그건 그렇지요. 겨울을 나는 게 정말 힘들긴 합니다."

"용궁은 사시사철 따뜻하고 먹을 것도 풍족하며 용왕님이 언제나 사랑으로 백성들을 보살핀답니다."

"에이, 안 되는데……. 하지만 만약 간다고 해도 육지에 사는 제가 어떻게 바닷속으로 갈 수 있겠어요?"

드디어 토끼의 마음이 조금씩 움직이는 듯했다. 별주부는 이때다 싶어서 더욱더 토끼를 부추겼다.

"그건 걱정 안 하셔도 됩니다. 제 등에만 타시면 어떤 풍랑이든 다 헤치고 용궁으로 가실 수 있습니다."

"그럼 정말 별주부님을 믿고 가도 되는 겁니까?"

별주부는 속으로 쾌재를 불렀다.

"물론이죠."

별주부는 이제 토끼를 데리고 용궁으로 돌아갈 일만 남았다고 생각했다.

두꺼비와 별주부는 손가락으로 승리의 V 자를 몰래 그려 보이면서 성공을 자축했다.

"잠깐!"

바로 그때, 뒤에서 누군가의 목소리가 들렸다. 돌아보니 웬 너구리 한 마리가 서 있었다.

"어이! 안녕? 오랜만이구나. 웬일이니?"

너구리는 토끼의 오랜 친구였다.

"토끼, 너 어디 가니?"

"안 그래도 너에게 작별 인사를 하려고 했어. 나 별주부를 따라 용궁으로 가려고. 거기가 더 살기가 좋다니, 앞으로는 거기서 살려고 해. 잘 있어, 너구리. 보고 싶을 거야."

토끼는 마지막으로 너구리에게 작별 인사를 했다.

"토끼야! 너는 그걸 믿니? 어떻게 그렇게 순진하니? 세상에 공짜가 어디 있어? 너 우리 아빠가 사기 조심하라고 했지?"

토끼의 말을 들은 너구리가 정색하며 말했다.

"그렇지만 이분들은 좋은 분들이야. 너, 내가 잘되는 게 배가 아픈 거로구나?"

토끼는 이제 자신이 용궁에서 대접받으며 살 몸이라는 생각에 어깨를 으쓱댔다.

"토끼야, 너 어떻게 나와의 우정에 그렇게 금 가는 소리를 할 수가 있니? 곰곰이 생각해 보렴. 너에게 용궁에서의 부귀영화가 무슨 소용이야? 네가 살 곳으로는 여기 육지가 가장 적합하단 말이야. 육지에 있는 부모님과 친구들도 못 만나고, 맛있는 과일들도 못 먹는데 네가 행복하게 살 수 있을 것 같아?"

너구리의 진심 어린 말에 토끼는 마음이 흔들렸다.

"그런가?"

별주부는 다 된 일을 망치게 할지도 모를 너구리의 출현에 크게 당황했다. 그렇지만 토끼가 보는 앞에서 함부로 화를 낼 수도 없어 마음속으로 끙끙 앓았다. 이 모습을 본 두꺼비가 너구리에게 말을 걸었다.

"어허, 이보시오! 지금 우리는 토끼님과 대화 중이었소. 이렇게 끼어들면 어떻게 하오."

"난 토끼의 친구요! 간사한 말로 내 친구를 홀릴 생각이라면 애당초 꿈을 깨는 게 좋을 거요. 제 친구는 안 갈 겁니다!"

너구리가 두꺼비에게 지지 않고 말했다.

"정말 친구를 위한 길인데도 말입니까? 진정한 친구라면 앞날에 걸림돌은 되지 말아야죠."

별주부가 당황한 기색을 숨기고 간신히 말했다.

"아님, 당신도 용궁에 가고 싶소? 가고 싶으면 내 뒤에 줄을 서시오. 이 별주부 친구가 맘이 좋아 세 번째로 데려가 줄 거요."

두꺼비가 회유책을 쓰기 시작했다.

"흥! 내가 그 말에 속을 줄 알고? 아무튼 나는 내 친구 토끼가 용궁에 가는 걸 절대 반대하오."

너구리의 마음은 바뀔 기세가 아니었다. 토끼의 마음도 흔들리는 것 같았다. 더욱더 불안해진 별주부가 입을 열었다.

"토끼님!"

"네?"

"우리 남해 용궁의 의견과 정성을 무시하시는 건가요?"

"아, 아닙니다. 그럴 리가요."

토끼가 고개를 절레절레 흔들었다.

"그럼 이리 오세요. 냉큼 오세요!"

"그렇지만……."

토끼는 너구리와 별주부를 번갈아 바라보며 망설였다. 토끼를 움직이게 할 다른 방법이 필요했다.

더 알아보기

별주부

토끼가 바다에서 살 수 있지 않을까요?

너구리

토끼는 바다에서 살 수 없소. 포유류는 보통 공기 중에서 숨을 쉬고, 따뜻한 털로 몸을 보호하지요. 그래서 포유류인 토끼도 땅에서 살며 뛰어다니고, 풀을 먹도록 몸이 만들어져 있소. 물속에서 오래 있으면 숨을 쉴 수도 없고, 털이 젖어 차가워지기 때문에 바다에서는 살 수 없지요. 하지만 예외도 있어! 고래나 돌고래 같은 포유류는 물속에 살지만 숨을 쉬기 위해 때때로 물 위로 올라와야 하오. 이렇게 특별한 포유류도 있지만, 대부분의 포유류는 토끼처럼 땅에서 사는 게 가장 잘 맞소.

두꺼비

모든 열매는 똑같이 만들어지나요?

토끼

열매는 씨방에서 만들어지지만 모두 같은 방식으로 생기지는 않아요. 참열매는 씨앗을 품고 있는 씨방이 그대로 커져서 만들어진 열매예요. 토마토와 감이 참열매에 속해요. 이 열매들은 씨방이 직접 열매가 되기 때문에 참열매라고 불리는 거예요. 반면에 헛열매는 씨방뿐만 아니라 꽃받침이나 꽃자루 같은 꽃의 다른 부분도 함께 커져서 열매가 만들어져요. 딸기의 빨간 부분은 씨방이 아니라 꽃의 다른 부분이 커진 거예요. 사과와 배도 과육 부분이 씨방이 아니라 꽃받침이나 꽃자루가 커져서 생긴 거랍니다. 이렇게 열매는 어떤 부분이 커져서 만들어졌느냐에 따라 참열매와 헛열매로 나뉘어요.

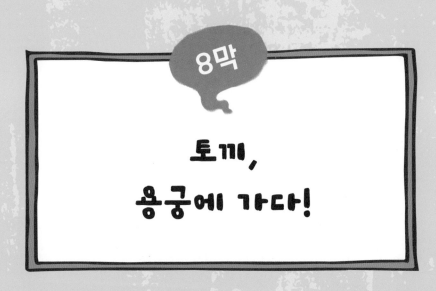

8막

토끼,
용궁에 가다!

별주부와 두꺼비는 계속해서 토끼를 설득했지만 결론은 생각보다 쉽게 나지 않았다. 결국 두꺼비는 다른 방법을 쓰기로 했다.

"그럼, 이렇게 하지요. 저와 별주부가 한 팀. 그리고 토끼님과 너구리가 한 팀이 되어서 게임을 하는 거죠. 이기는 팀의 의견을 따르는 것으로 합시다."

"좋아요, 그러죠. 정정당당하게 게임은 세 판으로 하고, 두 경기 이상 이기는 팀이 우승하는 겁니다. 그리고 게임은 달리기, 높이뛰기 그리고 테니스로 해요."

너구리와 토끼가 순순히 제안에 응했다.

"그럼, 먼저 달리기 시합부터 하죠. 저희 팀에서는 별주부가 나가겠습니다."

"저희 팀에서는 토끼가 나가도록 하겠습니다."

별주부와 토끼가 출발선에 섰다.

"준비, 시작!"

토끼와 별주부는 온 힘을 다해서 달리기 시작했다.

"토끼 이겨라!"

너구리는 토끼를 열심히 응원했다.

"별주부 이겨라!"

이에 질세라 두꺼비도 별주부를 열심히 응원했다. 하지만 별주부는 토끼에 비해 매우 느렸다. 토끼가 결승선에 도착할 때까지도 별주부는 출발선을 벗어나지 못하고 있었다.

"야호! 내가 이겼다!"

토끼와 너구리는 환호성을 질렀다.

"이대론 안 되겠어. 다음 경기는 높이뛰기로 합시다."

"네, 그러지요. 아마 이번에도 우리가 우승할걸요? 그렇게 되면 군말 없이 그냥 물러가시는 겁니다."

너구리는 별주부와 두꺼비를 향해 큰소리를 떵떵 쳤다.

"누가 할 소리를요. 아마 이번 경기에서는 저희가 이길걸요?"

별주부도 지지 않으려고 큰 목소리로 맞섰다. 서로의 신경전이 팽팽한 가운데 두꺼비와 너구리의 두 번째 경기가 이어졌다. 두 팀은 시합을 위해 크고 넓은 나무를 찾았다.

"자! 여기 이 나무 앞에서 높이 뛴 다음, 뛴 높이를 체크하도록 하겠어요. 너구리 씨, 먼저 뛰시겠어요?"

"그럴까요?"

너구리는 자신감에 찬 목소리로 나무 앞에 섰다.

"이얍!"

기합 소리와 함께 너구리가 껑충 뛰어올랐다.

"다음은 두꺼비, 네 차례야! 파이팅!"

"걱정하지 마. 내가 너구리의 코를 납작하게 해 주겠어."

두꺼비가 자신감이 가득 찬 목소리로 말했다. 두꺼비는 최선을 다해 높이 뛰어올랐고, 다행히 너구리보다 높이 뛰었다.

"성공이야, 성공! 너구리보다 10센티미터는 더 뛰었어. 역시 높이뛰기는 두꺼비를 따라올 자가 없다니까!"

이제 넷은 마지막 테니스 경기를 위해 넓고 평평한 들판으로 향했다.

"이번에 이겼다고 해서 방심은 금물이에요. 저와 토끼의 테니스 실력은 끝내주니까요."

너구리가 조금 전의 패배를 설욕하기 위해 주먹을 불끈 쥐었다.

드디어 테니스 시합이 시작되고, 바다에서 테니스 시합이라고는 해본 적이 없는 별주부가 시합에 적응하지 못하는 바람에 토끼 팀에게 1점을 먼저 내어 주고 말았다.

"에이, 이 정도밖에 안 됩니까? 우리 토끼 팀이 1점 땄습니다."

"아직 시작에 불과하지요. 계속합시다."

토끼 팀이 별주부 팀을 약 올렸지만, 그래도 별주부는 차분하게 경기

를 이어 나갔다. 경기는 계속되고, 마침내 토끼 팀과 별주부 팀이 동점이 되었다. 마지막으로 한 점만 남은 상황에서 별주부가 자신의 딱딱한 등딱지를 이용해 멋지게 테니스공을 받아 냈고, 결국 승리는 별주부 팀에게로 돌아갔다.

"잘했어! 별주부야! 너의 멋진 등딱지 덕분에 우리가 우승했어."

두꺼비가 별주부를 얼싸안고 기쁨의 눈물을 흘렸다.

"약속대로 우리가 우승했으니 이제 용궁으로 가실까요. 토끼님?"

"네, 그러지요. 약속은 약속이니까요. 너구리야, 너무 섭섭해하지 마. 내가 용궁에서 꼭 너를 초대할게."

"그래. 몸조심하고, 무슨 일 생기면 꼭 연락해."

너구리는 걱정스러운 목소리로 토끼를 보냈다.

"당연하지. 안녕!"

토끼는 손을 흔드는 너구리를 뒤로 하고 별주부를 따라나섰다. 별주부는 우여곡절 끝에 토끼를 데리고 드디어 용궁으로 갈 수 있게 되었다는 생각에 가슴이 벅찼다.

어느덧 토끼와 두꺼비, 그리고 별주부 일행이 바닷가에 이르렀다. 두꺼비와 별주부는 아쉽지만 이제 헤어져야만 했다.

"두껍아. 그동안 정말 고마웠어."

별주부가 먼저 두꺼비에게 악수를 청했다.

"나도 덕분에 추억에 남을 경험을 정말 많이 했는걸."

두꺼비와 작별 인사를 마친 별주부가 토끼에게로 갔다.

"자! 이제 바닷속으로 들어가야 하니까 저의 등에 올라타세요.

별주부가 토끼에게 자신의 등을 내밀었다. 토끼는 멈칫하다가 조심스레 별주부의 등에 올라탔다. 별주부는 토끼가 올라타기 무섭게 바닷속으로 풍덩 빠져들었다. 토끼는 별주부의 등을 꼭 붙잡고 두 눈을 질끈 감았다.

"토끼님, 이제 눈을 떠 보세요."

"우아! 바닷속은 정말 멋지군요."

눈앞에 펼쳐진 아름다운 바닷속 광경에 토끼는 저절로 감탄사가 터져 나왔다. 맑고 투명한 바닷속을 유유히 헤엄치는 물고기 떼들의 자유로운 모습과 바다 깊숙이 들어오는 햇살이 눈부시게 아름다웠다.

"토끼님은 탁월한 선택을 하신 겁니다."

별주부는 토끼의 기분을 돋우기 위해 최선을 다해 비위를 맞췄다.

"남해 용궁도 기대가 되는걸요."

토끼가 기대 가득한 목소리로 말했다.

'기대는 무슨, 너는 이제 죽을 몸이야!'

별주부는 속으로 생각했다.

"이야! 저건 정말 멋진 식물이네요."

별주부는 토끼가 가리키는 방향을 바라보았다.

"아! 저건 산호예요. 식물처럼 생겼지만, 식물은 아니랍니다."

"생긴 것은 꼭 식물 같은데, 그럼 동물인가요?"

"산호는 폴립이라는 작은 동물이 만드는 것이지요."

"폴립이요?"

"폴립은 바닷속에서 수억 마리가 모여 사는데 몸이 아주 연약하죠. 그래서 몸을 보호하기 위해 바닷속의 화학 물질로 돌처럼 단단한 껍데기를 만든답니다. 이 껍데기들만 남아 있는 상태가 바로 여기 있는 산호예요."

"아하! 그렇구나. 아무튼 멋진 동물이에요. 바닷속에는 육지에서 볼 수 없었던 것들이 많아 즐겁군요."

"그렇지요? 아마 가면 갈수록 더 멋진 광경들을 보게 되실 겁니다."

별주부는 더더욱 바다 깊숙이 헤엄쳐 들어갔다.

"우아! 저건 뭔가요?"

처음 접하는 바다가 두려웠던 토끼는 바닷속이 점점 익숙해지자 자신감이 생겼는지, 꽉 붙잡고 있던 별주부의 등을 놓고는 대왕 조개 앞으로 다가갔다.

"대왕 조개예요."

"말로만 듣던 조개네요! 엄청 크군요. 의자로 사용해도 되겠어요."

토끼는 입을 벌리고 있는 조개 속으로 쏙 들어가 앉았다. 조갯살들이 소파처럼 포근하게 느껴졌다.

"조심해요! 조개가 입을 닫으면 크게 다칠지도 몰라요."

"괜찮아요. 저는 눈치 백 단, 순발력 구백 단이거든요. 조개가 딱 닫히려 하면 잽싸게 빠져나와야죠."

토끼는 좀체 대왕 조개를 떠나려 하지 않았다.

"네, 네, 그러시지요."

별주부는 토끼의 비위를 맞추려 잠자코 기다렸다. 하지만 대왕 조개는 눈치 백 단인 토끼가 방심하는 찰나 입을 닫으려 했다.

"안 돼! 조개가 입을 닫으려고 해요!"

"어머! 이를 어째? 엉덩이가 끼어서 빠져나올 수가 없어요."

토끼는 급하게 몸을 피했지만 대왕 조개에게 엉덩이가 끼어 버리고 말았다. 별주부 또한 당황해서 발을 동동 구르다가 마침 옆에 있던 말미잘을 발견하고 급하게 불러 세웠다.

"토끼님, 잠시만 기다려 보세요. 말미잘아! 나 좀 도와줘. 대왕 조개에 토끼가 끼어서 나올 수가 없어."

"토끼라면 용왕님의 약이 될 동물? 그렇다면 당연히 도와줘야지."

말미잘은 당장 온몸으로 토끼를 휘감아 조개의 입에서 탈출시켰다.

"헥헥헥! 정말 죽다가 살아났네. 엉덩이가 빨갛게 달아올랐어. 아, 아파, 그냥 육지에 있을 걸 그랬나 봐요. 여기도 육지만큼이나 위험한 일들이 많군요. 육지로 돌려보내 주세요."

토끼는 엉덩이에 난 상처를 보며 바다보다는 육지가 자신이 살 곳이라는 생각이 들어 마음이 흔들리기 시작했다.

"아니에요. 용궁에만 들어가면 아주 다른 세상이 펼쳐질 거예요. 멋진 용궁을 보신다면 생각이 달라질걸요?"

별주부는 당황해서 토끼를 다시 설득하기 시작했다.

"정말이죠? 그럼 당신을 한번 믿어 볼게요."

토끼는 동그란 눈을 반짝이며 다시 용궁에 가기로 결심했다. 별주부는 속으로 안도의 한숨을 내쉬며 토끼를 등에 태웠다.

"당연하죠. 이제 제 등에 다시 올라타세요. 속력을 내 보겠습니다."

별주부는 토끼를 태우고 나름 초고속으로 용궁을 향했다.

더 알아보기

두꺼비

산호를 산호초라고도 하는데, 풀인 거야?

별주부

아니, 산호초는 풀이 아니야. 산호초는 바다에 사는 아주 작은 동물이 모여 만든 특별한 구조야. 이 작은 동물을 폴립이라고 하는데, 폴립들이 서로 모여서 단단한 껍질을 만들고, 그 위에 또 다른 폴립들이 자라면서 산호초가 점점 커지는 거야. 폴립들은 바닷속에서 마치 집을 짓듯이 산호초를 만들어서, 물고기나 다른 바다 생물들이 살 수 있는 멋진 공간을 제공해. 그래서 산호초는 풀이 아니라, 바닷속 작은 생물들이 만든 특별한 집이야.

토끼

조개는 손이 없는데 어떻게 입을 다무나요?

별주부

조개는 바닷속에서 단단한 껍데기를 가진 특별한 생물이랍니다. 조개의 껍데기는 두 개의 딱딱한 부분이 마주 보고 붙어 있어서 그 안에 부드러운 몸을 보호해 줘요. 조개는 손이 없지만, 껍데기를 열고 닫는 강한 근육을 가지고 있어요. 이 근육 덕분에 조개는 위험이 닥치면 껍데기를 꽉 닫아 몸을 숨길 수 있어요. 그리고 껍데기 속에서 먹이도 안전하게 소화할 수 있답니다. 이렇게 단단한 껍데기와 힘센 근육 덕분에 조개는 바닷속에서 안전하게 살아갈 수 있는 거예요.

남해 용왕, 드디어 병을 고치다!

별주부와 토끼는 우여곡절 끝에 드디어 남해 용궁에 도착했다. 별주부의 마음은 정말 뛸 듯이 기뻤다. 이제 용왕의 병을 고쳐 드릴 일만 남은 것이다.

"토끼님, 드디어 용궁에 도착했습니다."

"여기가 용궁이군요! 정말 멋있어요. 꿈에서 보던 것과 똑같아요. 꿈에서만 보던 용궁을 실제로 보게 되다니 믿어지지 않아요."

토끼는 아직도 상황 파악을 하지 못하고 용궁의 풍경에 눈이 팔렸다.

"자! 이제 용궁 안으로 들어가 볼까요?"

별주부는 회심의 미소를 지으며 토끼와 함께 용궁 안으로 들어갔다.

"용궁 안도 참 예쁘군요. 지금 우리는 어디로 가는 거죠?"

"먼저 용왕님을 뵈러 갑니다."

"나는 여태껏 육지의 왕인 사자도 보지 못했는데, 용왕님을 만나게 되다니. 그것 또한 믿기지 않는군요."

토끼는 한껏 기대에 부풀어 닥쳐올 자기 죽음도 모른 채 용왕이 있는 대전으로 들어갔다.

"어서 오시오. 별주부!"

용왕이 반가운 목소리로 별주부를 맞았다.

"토끼, 요것아! 용왕님 앞에 무릎을 꿇지 못할까!"

용왕에게 예를 갖추어 인사를 올리고 난 뒤, 별주부가 갑자기 돌변하여 토끼에게 버럭 소리를 질렀다.

"아니, 별주부! 나에게 왜 이러세요? 이건 약속과 다르지 않습니까?"

토끼는 그제야 뭔가 이상하다는 걸 눈치챘다.

"어리석은 토끼야, 내 말을 믿었니? 넌 오늘 용왕님을 위해 네 심장을 내어놓으러 온 것뿐이야."

별주부는 그동안 고생한 것과 토끼의 비위를 맞추느라 억눌렀던 감정들이 한순간에 터져 나오는 것 같았다.

"괘씸한 별주부 녀석! 네가 어떻게 나에게 이럴 수가."

토끼는 별주부가 괘씸했지만, 지금 아무런 행동도 할 수 없었다. 지금 토끼가 있는 곳은 육지와는 아주 다른 세상인 용궁이고, 자신의 편이 되어 줄 친구도 부모도 없는 곳이었다.

"그러니 네가 어리석다는 게지. 이제 너는 죽음을 피해 갈 수 없을 것이다. 용왕님을 위해 죽는 것이니 영광으로 알아라."

"별주부 고맙소. 이렇게 나를 위해서 토끼를 잡아 오다니, 정말 그동

안 수고가 많았소."

용왕은 입이 마르고 닳도록 별주부를 칭찬했다.

"아닙니다. 용왕님의 병이 나으시기만 한다면, 그걸로 족합니다."

별주부가 겸손하게 대답했다.

"아니오. 당연히 병이 낫고 나면, 별주부 자네에게 가장 큰 선물을 하사할 것이오. 그럼 이제 토끼도 잡아 왔으니, 나의 병을 치료하는 일만 남았구려."

"감축드리옵니다!"

옆에 있던 수많은 대신이 입을 모아 용왕에게 축하 인사를 올렸다.

'나는 이제 죽는 일만 남았구나. 너구리의 말이 맞았어. 부귀영화에 눈이 멀어 결국 이런 일을 당하게 되었구나.'

토끼는 심장이 덜컹 내려앉는 것만 같았다.

"토끼는 얼굴을 들라!"

용왕이 토끼를 불렀다.

"토끼, 너는 죽음을 너무 한탄하지 말라. 네가 죽은 후에는 네 몸을 비단으로 싸서 백옥과 호박으로 관을 만들어, 산 좋고 물 맑은 곳에 장사를 지내 주마. 또 경치 좋은 곳에 네 사당을 지어 과인의 병을 고쳐 준 공적을 기리겠다."

'죽고 난 뒤에 비단과 백옥이 무슨 소용인가!'

토끼는 속으로 한탄했다.

"여봐라! 어서 토끼의 심장을 꺼내 오거라."

많은 관군이 칼을 들고 토끼의 배를 가르기 위해서 다가왔다. 그 순간 토끼는 호랑이 굴에 들어가도 정신만 차리면 살아남을 수 있다는 옛 속담이 생각났다.

"용왕님!"

토끼가 다급하게 용왕을 불렀다.

"왜, 마지막으로 할 말이 있느냐?"

"예, 용왕님께 한 가지 아뢸 말씀이 있습니다."

"그래? 어서 말해 보아라."

"용왕님의 말씀은 하늘보다도 높고 이 바다보다도 더 깊습니다. 용왕님은 넓은 바다의 어른이시고 전 산중의 작은 동물입니다. 이런 제가 용왕님을 위해 죽는다는 것은 큰 영광이지요."

용왕은 토끼의 말에 고개를 끄덕거렸다.

"암, 그렇고말고!"

"그런데 저는 비록 몸은 작지만 산중의 영물이라 다른 동물과 다른 점이 많습니다. 아침이면 날마다 이슬을 받아 먹고, 밤낮으로 산중의 향기 좋고 아름다운 약초만을 골라 뜯으니, 토끼의 심장이 진실로 신비한 좋은 약이 되고도 남지요."

토끼는 계속해서 용왕이 듣기에 옳고 기분 좋은 말만 골라 하였다.

"그렇지! 그런데 그것이 어떻다는 말이냐?"

"그런데 제 심장이 특별한 효험이 있다 보니 제 심장을 빼앗으려는 산중 동물들이 하도 많아, 저같이 힘이 약한 동물은 심장을 지키는 일이 목숨을 지키는 일만큼이나 어렵습니다. 심장은 온몸에 피를 보내는 역할을 하는 아주 중요한 기관입니다. 심장은 규칙적으로 수축하였다가 팽창하기를 반복하면서 피를 내보내고 받아들이는데, 심장이 없다면 우리 같은 포유류는 살 수가 없지요. 이렇게 우리 몸에서 중요한 역할을 하는 심장을 적들에게 빼앗길 수는 없어요. 그래서 심장을 잘 지키기 위해서 심장을 꺼내어 물 맑고 공기 좋은 곳에서 여러 번 씻어, 깊

고 높은 산 바위틈에 숨겨 놓고 다닌답니다."

"그것이 참이냐?"

"네, 그렇사옵니다."

토끼는 태연하게 거짓말을 하였고, 용왕도 토끼의 말을 믿기 시작했다. 그리고 다시 별주부에게 명령하기를.

"별주부! 당장 토끼를 데리고 다시 육지로 가서 토끼의 심장을 가져오게."

"네! 용왕님!"

별주부는 충성스러운 목소리로 대답했다.

"히히히!"

별주부와 함께 용궁을 빠져나온 토끼가 갑자기 웃음을 터뜨리며 배를 잡고 바닥을 굴렀다.

"왜 그렇게 웃느냐? 죽음을 눈앞에 두니 정신이 오락가락하는가?"

별주부는 토끼의 행동을 이해할 수 없었다.

"바다의 왕이신 용왕님께서도 육지 동물들이 심장을 넣었다 뺐다 할 수 있는 것을 모르시니 그것이 웃기는군요."

토끼는 태연하게 또 그럴싸한 변명을 했다.

"어허! 용왕님을 비웃다니 그런 몹쓸 짓은 하지 말게."

별주부는 토끼를 나무라더니, 토끼를 등에 업고 바로 육지로 향했다.

한 번 왔다가 간 길이라 쉽게 가는 길을 찾을 수가 있었다. 처음 육지를 찾을 때보다 훨씬 더 빨리 육지에 도착한 별주부는 토끼를 해안가에 내려 주었다.

"자! 이제 육지에 도착했으니 심장을 가져오도록 해."

별주부는 계속해서 토끼를 재촉했다.

"어이구! 이 바보 별주부야. 이 세상에 심장을 넣었다 뺐다 할 수 있는 동물이 어디 있니?"

"뭐라고! 아, 너의 말을 믿는 것이 아니었어. 이리 와! 다시 용궁으로 가는 거야."

별주부는 토끼를 데리고 다시 바닷속으로 들어가려고 했다.

"내가 미쳤니? 내 발로 저승길을 가게?"

토끼는 별주부의 손을 뿌리치며 말했다.

"그럼 용왕님께 한 말들은 모두 거짓이었니?"

"하하. 어리석은 너와 용왕이 그걸 믿었을 뿐이야. 그럼 난 이만."

토끼는 별주부를 뒤로하고 숲으로 달아났다.

"너, 이리 안 와!"

"어디 한번 나 잡아 봐라. 너는 달리기가 느려 백날 가도 나를 못 잡을 거야. 잘 가, 별주부야. 육지까지 데려다줘서 고마워!"

토끼는 별주부를 약 올리며 별주부의 시야에서 점점 멀어졌다.

"말도 안 돼. 어떻게 이런 일이 일어날 수가 있지? 이제 용왕님께 가

서 뭐라고 말해야 할지 앞이 캄캄하구나. 이대로 용왕님의 병을 고칠 수가 없다면 차라리 죽는 게 나아."

별주부는 자책하며 목숨을 끊으려고 하였다. 그때 풀숲에서 토끼가 다시 모습을 드러냈다. 사실 토끼는 멀리 도망가는 척했지만 별주부가 어떻게 하나 몰래 지켜보고 있었다. 그런데 별주부가 목숨을 끊으려 하자 말리기 위해서 나타났다.

"그만둬! 그렇게 함부로 목숨을 버리는 것은 나쁜 짓이야."

"너 왜 다시 왔어? 용궁으로 돌아가지도 않을 거라면서 말이야."

별주부는 토끼가 원망스러웠다.

"이 토끼님이 너무 착해서 다시 돌아온 거야. 스스로 목숨을 끊는 그런 짓은 하지 마!"

"하지만 난 용왕님을 위해서 한 일이 아무것도 없는걸? 용왕님에 대한 불충을 씻을 길은 죽음뿐이야."

"이 어리석은 별주부야! 죽는다고 용왕님의 병이 낫기라도 하니? 무슨 좋은 방법이 없을까 고민해 봐야지."

"방법이 있을까?"

"아하! 허준 선생이 있었지!"

토끼는 골똘히 생각하다가, 마침 인간 의사인 허준 선생이 생각났다. 허준 선생은 인간 세상에서 제일로 알아주는 의사였다. 용왕도 인간이니 허준 선생이 치료한다면 나을 가능성이 있을 것이다.

"허준 선생?"

별주부는 처음 듣는 이름에 귀를 쫑긋 세우며 되물었다.

"응. 허준 선생이라고 육지에서 정말 유명한 의사 선생이 있어. 그 선생이라면 아마 너희 용왕님의 병을 고쳐 줄지도 몰라."

"정말이야? 그분이 계신 곳을 알려 줘. 이 은혜는 절대 잊지 않을게."

별주부는 그제야 경직된 얼굴이 풀리면서 안도의 한숨을 쉬었다. 그리고 토끼의 도움으로 허준 선생을 모시고 용궁으로 갔다.

하지만 별주부와 허준 선생이 용궁에 도착했을 때는 용왕은 이미 기력이 다한 상태였고, 대신들은 용왕이 돌아가실까, 마음 졸이고 있었다.

"별주부! 토끼는 어떻게 하고 인간을 데리고 왔느냐?"

용왕은 힘이 없는 목소리로 별주부를 꾸짖었다.

"용왕님, 육지에서 가장 뛰어난 의사이옵니다. 일단 진찰을 먼저 받아 보시옵소서."

별주부는 토끼가 소개해 준 명의인 허준 선생을 굳게 믿었다.

용왕을 진찰한 허준 선생은 심장 이식 없이 직접 제조한 약으로 심장의 기능을 강하게 하여 용왕의 병을 고쳤다.

용왕은 곧 기력을 회복하였고, 허준과 별주부에게 큰 선물을 하사하였다. 별주부는 오랜만에 가족들과 상봉하였고, 죽을 때까지 호의호식하며 즐겁게 살았다.

더 알아보기

문어 대신

토끼의 심장이 다른 동물의 심장보다 더 특별한가요?

방어 어의

토끼의 심장은 다른 동물과 비교했을 때 몇 가지 특별한 점이 있어요! 토끼는 작은 몸집에 비해 심장이 아주 빨리 뛰는데, 보통 1분당 180~250회 정도로 뛴답니다. 이렇게 빠른 심장 박동 덕분에 토끼는 달리거나 위험이 닥쳤을 때 필요한 에너지를 빠르게 공급받을 수 있어요. 한편 토끼는 겁이 많아서 무서운 상황에 놓이면 심장이 갑자기 더 빠르게 뛸 수 있어요. 그래서 토끼가 편안하고 안전한 환경에서 지내는 것이 아주 중요하답니다.

숭어 어의

심장이 두근두근 뛰는 걸 '박동'이라고 한다고요?

방어 어의

맞아요! 심장이 두근두근 뛰는 걸 '박동'이라고 해요. 심장은 우리 몸에서 피를 보내 주는 멋진 펌프 같은 역할을 하는데요, 피를 쭉 밀어내는 수축과 다시 피를 받아들이는 이완을 반복하면서 두근두근 뛰어요. 이걸 바로 '박동'이라고 부르죠. 이 박동 덕분에 산소와 영양분이 온몸으로 퍼져 나가고, 우리 몸은 힘이 나고 건강하게 움직일 수 있어요. 작고 귀여운 토끼는 박동이 아주 빠르고, 커다란 코끼리는 느릿느릿하게 뛴답니다. 이렇게 심장은 두근두근 박동하면서 우리 몸을 건강하게 유지하는 진짜 중요한 일을 하고 있어요.

고전에 빠진 과학 3

별주부가 생물 달인이라고?

초판 1쇄 2025년 1월 15일
글 정완상 그림 홍기한

편집 정다운편집실 디자인 하루

펴낸곳 브릿지북스 펴낸이 박혜정 출판등록 제 2021-000189호
주소 경기도 고양시 일산서구 킨텍스로 284, 1908-1005
전화 070-4197-1455 팩스 031-946-4723 이메일 harry-502@daum.net

ISBN 979-11-92161-09-9 74400
ISBN 979-11-92161-06-8 (세트)